DELIUS KLASING

PRAXISWISSEN

KLAUS SCHLÖSSER

UKW-FUNKZEUGNISSE SRC UND UBI

DELIUS KLASING VERLAG

Inhalt

Einleitung

Am Ende eines jeden Kapitels gibt es eine Zusammenfassung mit dem notwendigen theoretischen Prüfungswissen. Die Zahlen in blauer Schrift (SRC) beziehen sich auf die Fragennummer im Fragenkatalog für das »Beschränkt Gültige Funkbetriebszeugnis« (ab Seite 118), während sich die Zahlen in roter Schrift (UBI) auf den Fragenkatalog für das »UKW-Sprechfunkzeugnis für den Binnenschifffahrtsfunk« (ab Seite 141) beziehen.

Legende

Wichtige Hinweise sind in einem blauen Kasten aufgeführt.

Wichtiger Hinweis

**Wertvolles Praxiswissen ist fett dargestellt.
Praxistipp**

Weiterführende Informationen im Internet finden Sie hier.
www: schlagwort

Hinweise im Internet

Weiterführende Informationen im Internet sind zur Einfachheit und Linkpflege nicht mit der vollständigen Internetadresse aufgeführt. Die einheitliche Internetadresse für dieses Buch lautet:

www.delius-klasing.de/funkinfo

Über die entsprechenden im Buch angegebenen Schlagworte (Tags) kann dann die korrespondierende Website aufgerufen werden.

QR-Code für Smartphones

Theorie

GMDSS

Im Jahre 1896 begann das Zeitalter der kabellosen Kommunikation. Pioniere wie Guglielmo Marconi und Alexander Stepanowitsch Popow experimentierten erfolgreich mit der Übertragung von Morsesignalen. Aufgrund der schnell fortschreitenden Entwicklung konnten schon bald Schiffe mit Funkanlagen ausgestattet werden. Dadurch ergab sich zum Beispiel der Vorteil, die Schiffsankunft vorab telegrafisch zu melden.

Bereits zehn Jahre später, auf der ersten internationalen Funkkonferenz in Berlin, wurden rechtliche Absprachen für Funkanlagen und Funkzeugnisse getroffen. Das Notzeichen SOS (save our ships, später: save our souls) wurde beschlossen. Von neu entstandenen Küstenfunkstellen wurden Mitteilungen über den Atlantik gemorst und unter anderem Linienschiffe mit Nachrichten für die Bordzeitung versorgt.

Bis 1912 – Untergang der Titanic – gab es weder eine Funkausrüstungspflicht noch eine Hörbereitschaft. Als Folge der Katastrophe wurde das Netz der Küstenfunkstellen ausgebaut, deren Aufgabe unter anderem das Abhören der Notfrequenzen war und bis heute ist.

Den Anstoß für das Weltweite Seenot- und Sicherheitssystem (Global Maritime Distress and Safety System – GMDSS) gab unter anderem der Untergang der München im Jahre 1978. Obwohl die Funkausrüstung der münchen über dem üblichen Standard lag, versagte sie teilweise. Die Empfehlung des Seeamtes lautete nach der Katastrophe, das bestehende Seenotalarmsystem dem neuesten Stand der Technik anzupassen und dabei ein automatisches, satellitengestütztes Seenotsystem in Betracht zu ziehen.

Was ist GMDSS?

Das Global Maritime Distress and Safety System (GMDSS) besteht aus technischen Einrichtungen, Dienststellen und Regeln für Notfälle und für die Sicherheit auf See. Es wurden das Sprechfunk- und das Kurzwelle-Fernschreibverfahren aus der bisherigen Praxis übernommen und durch ein digitales Alarmierungs- und Anrufverfahren ergänzt. Zudem wurden das bereits vorhandene NAVTEX-Funkfernschreibverfahren und der Inmarsat-Satellitenseefunk sowie das COSPAS-SARSAT-System in das neue Funksystem integriert.

> Zwei wichtige Grundsätze des GMDSS sind eine Alarmierung durch mindestens zwei voneinander unabhängige Systeme im Seenotfall sowie die automatisierte, digitale Alarmierung und Hörbereitschaft.

Ein ausrüstungspflichtiges Schiff muss mindestens ausgestattet sein mit:

- einer Seenotfunkbake (EPIRB), die von jedem Ort der Welt im Notfall ein Notsignal an ein Satellitensystem übermittelt;
- einem UKW-Sprechfunkgerät mit DSC-Controller (Digitalem Selektivruf) mit automatischer Hörbereitschaft.

Distresstaste am DSC-Controller

Auch bei nicht ausrüstungspflichtigen Sportbooten wird das Prinzip der redundanten Alarmierung empfohlen.
Alle wichtigen Informationen, die Funker früher zu verschiedenen Zeiten auf verschiedenen Frequenzen abhören und aufschreiben mussten, werden heute im Fall der digitalen schriftlichen Kommunikation automatisch an Bord gespeichert und stehen bei Bedarf zur Verfügung.

Einteilung in Seegebiete

Im GMDSS wird die vorgeschriebene Funkausrüstung durch das Einsatzgebiet des Fahrzeuges bestimmt. Die Seegebiete werden nach der an den jeweiligen Küsten vorhandenen Funkversorgung eingeteilt. Es sind vier Seegebiete festgelegt:

Seegebiet A1

Ein Gebiet innerhalb der Sprechfunkreichweite mindestens einer UKW-Küstenfunkstelle, die ununterbrochen für DSC-Alarmierungen zur Verfügung steht.

Seegebiet A2

Ein Gebiet (ausgenommen Seegebiet A1) innerhalb der Sprechfunkreichweite mindestens einer Grenzwelle-Küstenfunkstelle, die ununterbrochen für DSC-Alarmierungen zur Verfügung steht.

Seegebiet A3

Ein Gebiet (ausgenommen Seegebiete A1 und A2) innerhalb der Überdeckung geostationärer Inmarsat-Satelliten (70° N bis 70° S), die ununterbrochen für Alarmierungen zur Verfügung stehen.

Seegebiet A4

Das Gebiet außerhalb der Seegebiete A1, A2 und A3 (die Polkappen).

Zusammenfassung

SRC: 2, 3, 12, 13–15

Das Global Maritime Distress and Safety System (**GMDSS**) besteht aus technischen Einrichtungen, Dienststellen und Regeln zur weltweiten **Hilfe bei Seenotfällen und**

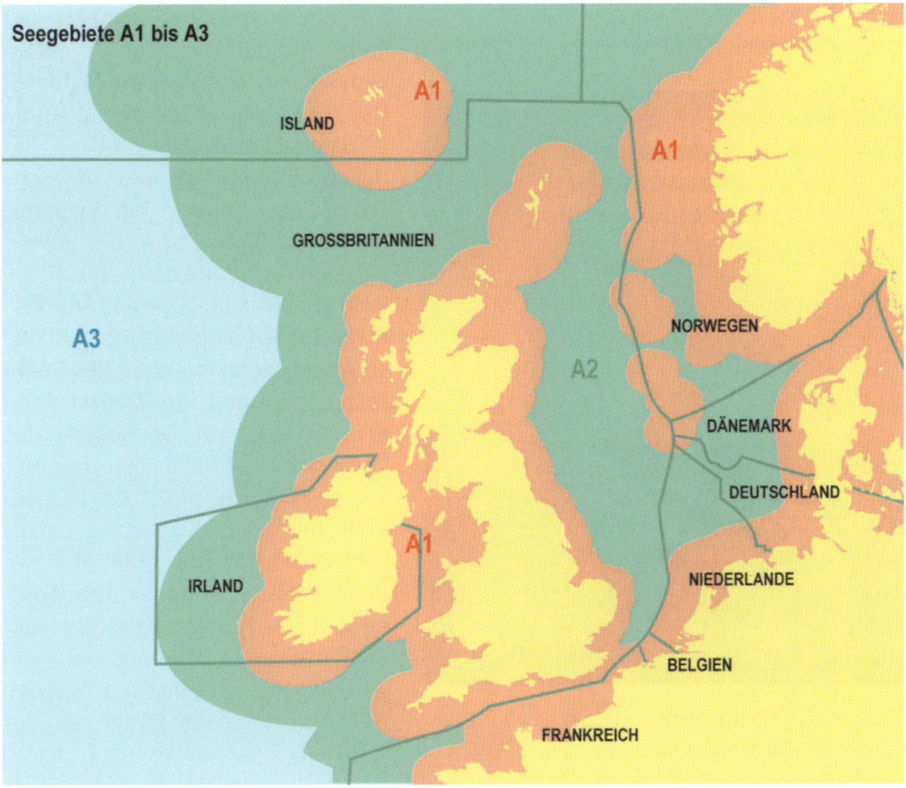

Darstellung der Seegebiete A1 bis A3 (mit UKW-Relaisstationen auf Bohrinseln)

zur Sicherung der Schifffahrt. Eine Besonderheit ist die **schnelle, automatisierte Alarmierung im Not-, Dringlichkeits- und Sicherheitsfall**.
Der Umfang der technischen Einrichtung (auf einem ausrüstungspflichtigen Schiff) wird unter anderem durch die **GMDSS-Seegebiete (engl. sea areas)** geregelt. Das **Seegebiet A1** liegt innerhalb der **Sprechfunkreichweite einer UKW-Küstenfunkstelle**, die **ununterbrochen für DSC-Alarmierungen** zur Verfügung steht.
Die **satellitengestützten Alarmierungssysteme** im GMDSS sind das **COSPAS-SARSAT**- und das **Inmarsat**-System.

Rechtliches

Damit die Funkkommunikation auf der ganzen Welt möglichst reibungslos und störungsfrei abgewickelt werden kann, bedarf es internationaler Übereinkommen und Regelungen. Da sich Funkwellen grenzenlos ausbreiten, muss dafür gesorgt werden, dass Telefongespräche mit dem Handy keinen Flugverkehr lahmlegen oder das Garagentor des Nachbarn nicht durch ein Babyfon geöffnet wird.

Manual for Use by the Maritime Mobile and Maritime Mobile-Satellite Services (Maritime Manual) 2020, herausgegeben durch die ITU

Für die technischen Aspekte der Telekommunikation und Verfahrensvorschriften ist die International Telecommunication Union (ITU) zuständig. Alle drei bis vier Jahre wird eine Weltfunkkonferenz (WRC) abgehalten. Das Ergebnis dieser Konferenz ist in der jeweils aktuellen Ausgabe der Radio Regulations (RR) nachzulesen. Alle Vertragsstaaten sind verpflichtet, diese Änderungen in nationales Recht fortzuschreiben. In Deutschland erfolgt dies auf Grundlage des Telekommunikation-Telemedien-Datenschutz-Gesetz (TTDSG), ehemals Telekommunikationsgesetzes (TKG). Die Radio Regulations heißen in Deutschland »Vollzugsordnung für den Funkdienst« oder kurz VO Funk.

Ausrüstungsvorschriften werden auf internationaler Ebene von der International Maritime Organization (IMO) beschlossen. Die IMO ist unter anderem zuständig für die Ausweichregeln auf See, die Umweltschutzbedingungen (MARPOL) oder das Internationale Übereinkommen zum Schutz des menschlichen Lebens auf See – SOLAS (Safety of Life at Sea), das unter anderem die (Funk-)Ausrüstungspflicht regelt.

In Deutschland sind zwei Behörden für die Belange des UKW-Seefunks zuständig.

- Die Bundesnetzagentur für Elektrizität, Gas, Telekommunikation, Post und Eisenbahnen, kurz BNetzA, ist für die Genehmigung zum Betreiben einer Seefunkanlage zuständig. Auf Antrag wird eine Nummernzuteilung ausgestellt. Die rechtlichen Voraussetzungen leiten sich aus den Radio Regulations ab.

- Das Bundesamt für Seeschifffahrt und Hydrographie (BSH) ist für die Abnahme von Seefunkanlagen auf ausrüstungspflichtigen Schiffen und die Abnahme von Funkprüfungen für Seeleute zuständig. Die Grundlage für diese Tätigkeit leitet sich aus SOLAS ab. Das BSH hat die Abnahme von Prüfungen für Funkzeugnisse der Sportschifffahrt den Wassersportverbänden übertragen.

Neben dem BSH gibt es eine Reihe anderer Prüfstellen für die erforderliche technische Zulassung von Seefunkanlagen. In der Sportschifffahrt sind üblicherweise Funkanlagen mit CE-Kennzeichen im Einsatz. Ausrüstungspflichtige Schiffe benötigen für elektronische Anlagen das Zulassungszeichen mit dem Steuerradsymbol (Wheelmark).

Beim Erwerb von Funkanlagen im Ausland oder über Internetauktionsseiten ist auf eine korrekte Kennzeichnung zu achten. Neben der fehlenden Zulassung kann es auch eine Abweichung der Kanalbelegung geben, was den nationalen Funkverkehr stören könnte.

Zuteilungsurkunde

Eine Seefunk- beziehungsweise Schiffsfunkanlage darf nicht ohne Zuteilungsurkunde (Ship Station Licence) betrieben werden. Die Urkunde wird von der Bundesnetzagentur, Außenstelle Hamburg ausgestellt. Für den Antrag ist es nicht erforderlich, ein Funkzeugnis zu haben. Die Urkunde muss auf dem Schiff im Original mitgeführt werden.

Der Wechsel des Eigentümers sowie Namens- oder Gerätewechsel müssen schriftlich angezeigt werden. Dies gilt auch, wenn man die alte Anlage in ein anderes Schiff einbaut (und das Rufzeichen behalten möchte).

Die Bundesnetzagentur ist zur Sicherstellung der Frequenznutzung befugt, die Funkanlage an Bord zu überprüfen und bei Verstößen gegen das Telekommunikation-Telemedien-Datenschutz-Gesetz (TTDSG) den Betrieb einzuschränken oder die Außerbetriebnahme anzuordnen.

Beim Ausfüllen des Antrags auf Nummernzuteilung ist besonders das sorgfältige Ausfüllen der »Angaben zur Kontaktperson für Rückfragen des MRCC oder der ITU in Notfällen« wichtig. In den Antrag gehört die eigene Handynummer. Es empfiehlt sich aber vor allem, Angaben zu Personen zu machen, die normalerweise über den eigenen Törnverlauf informiert sind (Stegnachbarn, Familienangehörige etc.). Die Angaben können formlos erweitert werden und auch nachträglich noch eingereicht und regelmäßig aktualisiert werden.

Der Antrag auf Nummernzuteilung ist im Internet verfügbar.
www: Zuteilungsurkunde

Bundesrepublik Deutschland

Bundesnetzagentur
für Elektrizität, Gas, Telekommunikation, Post und Eisenbahnen

ZUTEILUNGSURKUNDE

SHIP STATION LICENCE
LICENCE DE STATION DE NAVIRE
LICENCIA DE ESTACIÓN DE BARCO

gültig ab: *valid from*	**16.06.2010**
Zuteilungsnummer: *assignment number*	**31 80 244837**

Frequenzzuteilung zur Nutzung zum Betreiben der nachfolgend gekennzeichneten Seefunkstelle aufgrund des § 55 des Telekommunikationsgesetzes (TKG) vom 22. Juni 2004 (BGBl. I S. 1190). Die Frequenzzuteilung entspricht einer Genehmigung zum Errichten und Betreiben der Seefunkstelle in Übereinstimmung mit Artikel 18 der Radio Regulations.
Frequency assignment for the operation of the below mentioned ship's radio station pursuant to § 55 of the Telecommunications Act (TKG) published on 22nd of June 2004 (Federal Law Gazette I p. 1190). The frequency assignment is equivalent to the licence according to Article 18 of the Radio Regulations.

Name des Schiffes *name of ship*	**MUSTERSCHIFF**	Rufzeichen *call sign*	**DG2333**
MMSI *Maritime Mobile Service Id.*	**211493990**		
Selektivruf (SSFC) *selective call* (DSC)	**211493990**		
ATIS-Kennung *ATIS code*	**9211072333**		
Funktelex *radiotelex*			
EPIRB-Kennung(en) *EPIRB identification(s)*			
Inhaber *holder of licence*	**Martin Mustermann** **Sachsenstr. 12** **20097 Hamburg**		

Dienststunden: *hours of service*	**HX**	Art des Verkehrs: *nature of service (terrestrical)*	**CP**	Abrechnungskennung: *AAIC (terrestrical)* *AAIC (Inmarsat)*	**DP07**

Amtliche Eintragungen: **Keine (none)**
Official remarks

Seite 1 von 2
page 1 of 2

Nummernzuteilungsurkunde der Bundesnetzagentur

Identifikationsmerkmale

Die Bundesnetzagentur, Außenstelle Hamburg vergibt an die Antragsteller der Nummernzuteilungsurkunde ein Rufzeichen und die MMSI. Zusätzlich wird eine ATIS-Nummer an Fahrzeuge vergeben, die am Binnenschifffahrtsfunk teilnehmen. In der sogenannten »List of Ship Stations« der ITU sind alle Seefunkstellen verzeichnet und nach Name, Rufzeichen oder MMSI sortiert. Diese Daten sind auch im Internet verfügbar.

www: mars

Rufzeichen

Ein Rufzeichen (englisch: call sign) besteht aus einer Kombination von Buchstaben und Zahlen. Die ersten beiden Zeichen weisen auf die Nationalität der Funkstelle hin. DA bis DR kennzeichnet ein Fahrzeug unter deutscher Flagge. Rufzeichen werden grundsätzlich unter Zuhilfenahme des internationalen Buchstabieralphabets (s. Seite 59) gesprochen.

Fahrzeuge, die ins Schiffsregister eingetragen sind, erhalten als Identifikationsmerkmal ein Unterscheidungssignal. Es dient gleichzeitig als Rufzeichen im Seefunkdienst. Für Fahrzeuge unter deutscher Flagge baut sich das Unterscheidungssignal aus vier Buchstaben oder vier Buchstaben und einer Ziffer (von DAA... bis DRZ...) auf. Für Fahrzeuge bis 15 Meter ist der Eintrag ins Schiffsregister freiwillig. Fahrzeuge, die nicht im Schiffsregister eingetragen sind, oder Binnenschiffe erhalten ein Rufzeichen bestehend aus zwei Buchstaben und vier Zahlen (von DA2001 bis (zurzeit) DK9999).

	Seeschiffe[1]	**Binnenschiffe oder Sportboote bis 15 m**[2]
Rufzeichen	**DACQ1** (vier Buchstaben oder vier Buchstaben und eine Ziffer)	**DA1234** (zwei Buchstaben, vier Ziffern)
Aussteller	Schiffsregister des Heimatortes	Bundesnetzagentur, Außenstelle Hamburg
Zuteilung	bei Kiellegung	auf Antrag

[1] Fahrzeug mit Eintrag im Schiffsregister
[2] Fahrzeug ohne Eintrag im Schiffsregister

MMSI - Rufnummer im Seefunkdienst

Schiffe mit DSC-Controller, einer Seenotfunkbake oder AIS-Transponder erhalten zusätzlich eine 9-stellige Rufnummer. Die MMSI (Maritime Mobile Service Identity) wird in die Funkanlage, die EPIRB oder das AIS fest einprogrammiert. Die ersten drei Stellen der MMSI - vergleichbar mit der Landesvorwahl einer Telefonnummer - stellen die Seefunkkennzahl (MID - Maritime Identification Digit) dar. Diese ist für Fahrzeuge unter deutscher Flagge die 211 oder die 218.

Fahrzeuge können zusätzlich eine Gruppennummer führen. Dies kommt beispielsweise für Fahrzeuge einer Reederei oder Behördenfahrzeuge in Betracht. Mit dieser Gruppennummer können alle zugehörigen Fahrzeuge gleichzeitig gerufen werden. Der Seefunkkennzahl wird eine Null vorangestellt, zum Beispiel 021145670.

Küstenfunkstellen haben ebenfalls eine MMSI. Hier werden der Seefunkkennzahl zwei Nullen vorangestellt. Beispielsweise hat die Küstenfunkstelle Bremen Rescue Radio die MMSI 002111240.

	Muster	**Beispiel**
Schiff	211XXXXX0	211456780
Gruppe	0211XXXX0	021145670
KüFuSt	00211XXX0	002111240

ATIS-NUMMER

Fahrzeuge, die am Binnenschifffahrtsfunk teilnehmen, müssen eine sogenannte Kombianlage (oder eine zusätzliche Anlage) haben, die mit einer ATIS-Nummer programmiert ist (s. Seite 101).

Der Betreiber einer Kombianlage, in die eine ATIS-Nummer einprogrammiert ist, muss sowohl ein See- als auch ein Binnenfunkzeugnis haben, auch wenn er sich nur im Seebereich aufhält.

Funkzeugnis

Ein Schiffsführer eines Sportfahrzeugs oder Traditionsschiffs, der eine Seefunkanlage betreiben möchte, benötigt ein entsprechendes Seefunkzeugnis. Das Beschränkt Gültige Funkbetriebszeugnis (SRC – Short Range Certificate) ist auf den Frequenzbereich UKW und auf entsprechende Anlagen an Bord beschränkt. Zur Teilnahme am Funkverkehr via Grenz- und Kurzwelle oder Satellitenfunk (Inmarsat) wird das Allgemeine Funkbetriebszeugnis (LRC – Long Range Certificate) verlangt. Für die Berufsschifffahrt gibt es andere Funkzeugnisse.
Alle vor 2003 ausgestellten Funkzeugnisse sind weiterhin gültig. Das UKW-Betriebszeugnis I oder II (mit Zusatzprüfung) oder das Allgemeine Betriebszeugnis sind gleichzusetzen mit dem SRC bzw. LRC. Inhaber dieser Zeugnisse dürfen auch am Binnenfunk teilnehmen. Alle älteren Funkzeugnisse beinhalten nicht die Bestandteile des GMDSS. Die Bedienung einer UKW-Funkanlage ist mit diesen Zeugnissen nur zulässig, wenn kein DSC-Controller eingebaut ist.
Für reine Empfänger (NAVTEX) oder geschlossene Systeme im GMDSS (EPIRB, SART, AIS) wird kein Funkzeugnis benötigt.

PRAXIS-WISSEN

Schiffsführer müssen ein der Anlage an Bord entsprechendes Funkzeugnis haben, auch wenn sie diese nicht benutzen. Bedienen darf die Anlage allerdings jedes Crewmitglied mit Einwilligung und unter der Anleitung des Schiffsführers.

Fernmeldegeheimnis

Der Funkverkehr unterliegt dem Telekommunikationsgeheimnis. Neben dem Betreiber der Funkstelle sind alle an Bord befindlichen Personen verpflichtet, das Fernmeldegeheimnis zu wahren.
Nachrichten, die nicht an die eigene Funkstelle gerichtet sind, dürfen weder abgehört noch an Dritte weitergegeben werden. Sind Nachrichten allerdings »an alle Funkstellen« gerichtet, dürfen diese auch empfangen werden.

Ausrüstungspflicht

Privat genutzte Sportboote unterliegen keiner Ausrüstungspflicht. Anders sieht es bei Charterschiffen, Traditionsschiffen oder Fahrzeugen für Ausbildungszwecke aus. Charterschiffe mit einer Länge von mehr als zwölf Meter benötigen für ihre Funkausrüstung ein Funksicherheitszeugnis der BG Verkehr, Dienststelle Schiffssicherheit. Das Gleiche gilt für gewerbsmäßig genutzte Sportboote ab einer Schiffslänge von acht Meter (z. B. Ausbildungsschiffe einer Segelschule). Details zur Ausrüstungspflicht für gewerbsmäßig genutzte Sportboote finden sich auch in der See-Sportbootverordnung.

INTERNET

www: sportbootverordnung, gshw (Traditionsschifffahrt)

Zusammenfassung

SRC: 1, 25-36, 38-45, 59-67, 70

UBI: 13, 18-21, 28, 31-35, 37

Mobiler Seefunkdienst (kurz: Seefunk) bezeichnet den Funkdienst zwischen Seefunkstellen untereinander bzw. zwischen Seefunkstellen und Küstenfunkstellen. Schiffsführer eines Sportbootes mit einer Funkanlage müssen eine Zuteilungsurkunde (ausgestellt durch die **BNetzA, Außenstelle Hamburg**) mit den Identifikationsmerkmalen (z. B. **Schiffsname, Rufzeichen, MMSI**) und das **Funkzeugnis** (z. B. **SRC** oder **LRC**) im Original an Bord mitführen.
Die Anlage muss **zugelassen** oder **ordnungsgemäß in den Verkehr gebracht** sein (**CE-Zeichen**). Bei **gewerbsmäßig genutzten Sportbooten** besteht eine **Ausrüstungspflicht**. Es wird ein **Funksicherheitszeugnis** (ausgestellt durch die Dienststelle Schiffssicherheit der BG Verkehr) benötigt. Neben der BNetzA ist auch das **BSH** berechtigt, die **Funktionsfähigkeit** von Funkstellen zu überprüfen. Bei **Austausch der Funkanlage** oder **Schiffsnamensänderung** muss dies der BNetzA **schriftlich mitgeteilt werden**.
Im **Telekommunikation-Telemedien-Datenschutz-Gesetz (TTDSG)**, ehemals **TKG** ist das Abhören von Nachrichten, die für die eigene Funkstelle nicht bestimmt sind (**Abhörverbot**), geregelt. Alle Personen, die Kenntnis über öffentlichen Nachrichtenaustausch erlangt haben, sind zur Wahrung des **Fernmeldegeheimnisses** verpflichtet. Nachrichten »**an alle Funkstellen**« dürfen abgehört und weiterverbreitet werden.
Rufzeichen von Schiffen unter **deutscher Flagge** beginnen mit **DA** bis **DR** und bestehen aus vier Buchstaben (= **Unterscheidungssignal** von Fahrzeugen im **Schiffsregister**) oder zwei Buchstaben und vier Ziffern. Die **Rufzeichen** werden von der **BNetzA in Hamburg vergeben**. Die **MMSI** ist die **Rufnummer** im Seefunkdienst und besteht aus **neun Ziffern**. Die **Seefunkkennzahl** (MID) kennzeichnet die **Nationalität** (**211** oder **218** für Deutschland) der Seefunkstelle. Bei der MMSI von **Küstenfunkstellen** werden der Seefunkkennzahl zwei Nullen vorangestellt (Beispiel: 00 211 1240).

Küstenfunkstellen

Küstenfunkstellen (KüFuSt) werden danach unterschieden, ob sie für den öffentlichen oder den nichtöffentlichen Funkverkehr tätig sind.

Öffentlicher Verkehr

Küstenfunkstellen des öffentlichen Verkehrs vermitteln für die Öffentlichkeit zugänglich Telefongespräche oder Telegramme zwischen Schiff und Land. Die Kennzeichnung der KüFuSt erfolgt durch den geografischen Ort gefolgt von dem Wort »Radio«. Beispiele: »Bremen Radio« oder »Kiel Radio«. Bei »Radio Bremen« handelt es sich daher nicht um eine Küstenfunkstelle, sondern um einen Hörfunksender im Norden Deutschlands.
Um am öffentlichen Funkverkehr teilnehmen zu können, benötigen Betreiber einer Seefunkstelle einen Vertrag mit einer Abrechnungsgesellschaft (Accounting Authority Identification Code – AAIC). Darüber können Nachrichten, die von See nach Land vermittelt wurden, abgerechnet werden. Vergleichbar mit der Handy-Nutzung im Ausland werden die anfallenden Kosten an die Gesellschaft übermittelt, mit der man den Vertrag geschlossen hat. Eine in Deutschland weit verbreitete Abrechnungsgesellschaft ist DP07 (gesprochen Delta Papa Null Sieben) (s. Seite 29).

Nichtöffentlicher Verkehr

Der nichtöffentliche Funkverkehr umfasst sowohl den Revierfunk-, den Hafenfunk- und Schiffslenkungsdienst als auch den Funkverkehr der Schiffe untereinander zum Zwecke der Sicherheit und Leichtigkeit des Verkehrs.
Die Kennzeichnung der Küstenfunkstellen erfolgt durch den geografischen Ort gefolgt von dem Dienst, den sie verrichten, sowie dem Wort »Radio« (das im Alltag weggelassen wird).

... Traffic Radio	Verkehrszentrale (Bsp. Jade Traffic)
... Port Radio	Hafen (Bsp. Bremerhaven Port)
... Radar Radio	Radarberatung (Bsp. Neuwerk Radar)
... Lock Radio	Schleuse (Bsp. Papenburg Lock)
... Bridge Radio	Brücke (Bsp. Hunte Bridge)
... Kanal Radio	Verkehrsabwicklung NOK (Bsp. Kiel Kanal 2)
... Pilot Radio	Lotse (Bsp. Elbe Pilot)
Bremen Rescue Radio	Seenotleitstelle (mit Sitz in Bremen)

Im Ausland können auch andere Dienstbezeichnungen wie »Control« oder »Marina« (für Häfen) oder »VTS« (für Verkehrssicherungssysteme) verwendet werden.

Verkehrszentralen

Viele Länder haben in stark befahreneren Gebieten Verkehrssicherungssysteme (Vessel Traffic Services – VTS) eingerichtet, die von Seehäfen oder Verkehrsbehörden betrieben und mit der Flugsicherung in der Luftfahrt vergleichbar sind. Sie bestehen technisch im Wesentlichen aus Radar- und Videoüberwachungsanlagen, UKW-Funk und dem Automatischen Schiffsidentifizierungssystem (AIS). Sie dienen sowohl der Navigation als auch dem reibungslosen Ablauf der Schifffahrt.

Die Aufgaben der Verkehrssicherungssysteme sind:
Registrierung der Schiffs-, Personenzahl- und Ladungsdaten
Versorgung der Schifffahrt mit nautischen Informationen wie Wetterwarnungen, Tidenverhältnissen, Bauarbeiten oder Veränderungen des Fahrwassers sowie Schiffsbewegungen (Lagemeldungen)
der Schiffslenkungsdienst – die Verkehrsreglung in besonderen Situationen.

Schiffe einer bestimmten Größe, Tonnage oder Gefahrgutschiffe haben eine Meldepflicht.

Sportboote haben keine Meldepflicht, sind aber zur Hörbereitschaft auf den Arbeitskanälen der Verkehrszentralen verpflichtet, sofern sie mit einem Funkgerät ausgerüstet sind. Dieses ist ausdrücklich in der Seeschifffahrtsstraßenordung für Fahrzeuge aller Art geregelt. Im Bereich des Großen Belts (Dänemark) sind auch Segelfahrzeuge (mit einer Masthöhe von mehr als 15 Meter) meldepflichtig.

Radarberatung

Auf stark befahrenen Küstengewässern erfolgt bei verminderter Sicht eine Radarberatung durch die Verkehrszentralen. Dieser Service kann auch von Sportbooten (ohne Radar) in Anspruch genommen werden und ist kostenlos.

Zusammenfassung

SRC: 7-11, 87-92

Küstenfunkstellen sind Funkstellen des **mobilen Seefunkdienstes**. Über KüFuSt wird **nichtöffentlicher Verkehr** (Revierfunk-, Hafenfunk- und **Schiffslenkungsdienst**) und **öffentlicher Verkehr** (zum Austausch von Nachrichten) betrieben. Der Revier- und Hafenfunkdienst dient der Übermittlung von Nachrichten, die das **Führen, die Fahrt und die Sicherheit von Schiffen** betreffen. Für die Teilnahme am öffentlichen Funkverkehr benötigt man einen **Vertrag mit einer Abrechnungsgesellschaft**. Liegen Nachrichten für einen vor, dann erfährt man das über eine **individuelle Benachrichtigung oder Sammelanrufe**.

Die **Kennzeichnung der Küstenfunkstellen** des nichtöffentlichen Revier- und Hafenfunkdienstes erfolgt durch den **geografischen Ort** gefolgt von dem Dienst, den sie verrichten, sowie dem nicht gesprochenen Wort »**Radio**«. Beispiel: **Warnemünde Traffic Radio** (KüFuSt des **Revierfunkdienstes**).

Arbeitsplatz von Bremen Rescue Radio: Hörbereitschaft auf UKW-Kanal 16 und 70

SAR

Die SOLAS-Vertragsstaaten sind verpflichtet, in ihren Küstengewässern einen Such- und Rettungsdienst (Search and Rescue - SAR) zu unterhalten. In Deutschland wird diese Aufgabe von der Deutschen Gesellschaft zur Rettung Schiffbrüchiger (DGzRS) mit Sitz in Bremen übernommen.

Die DGzRS betreibt zum einen die Küstenfunkstelle Bremen Rescue Radio und zum anderen das MRCC (Maritime Rescue Coordination Center), die Seenotleitung.

Bremen Rescue Radio

Die Hauptaufgaben von Bremen Rescue Radio sind die kontinuierliche Überwachung der UKW-Kanäle 16 und 70 über die abgesetzten Stationen an der gesamten deutschen Nord- und Ostseeküste, die Durchführung des Notverkehrs im Seenotfall und die Aussendung vitaler Sicherheitsmeldungen.

Seenotleitung (MRCC)

Das MRCC koordiniert im Seenotfall die Such- und Rettungsmaßnahmen. Das MRCC Bremen arbeitet dabei eng mit der SAR-Leitstelle Glücksburg (aeronautischer SAR-Dienst) zusammen.

Im Notfall wird neben der Seenotleitung eine Funkstelle vor Ort benötigt, die die Maßnahmen und die Kommunikation koordiniert. Die »On-Scene Communication« übernimmt in der Regel die Funkstelle, die technisch und personell am besten dafür geeignet ist. Der On-Scene Coordinator (OSC) dient der Seenotleitung als Auge und Ohr vor Ort. Die Kommunikation zwischen den Havaristen, dem OSC und anderen Funkstellen, die Hilfe leisten (können), wird als Funkverkehr vor Ort bezeichnet.

Nationale Datenbank

Die Seenotleitung hat Zugriff auf die Datenbank mit den Nummernzuteilungen der Bundesnetzagentur und kann im Notfall die dort bei der Antragstellung angegebenen Kontaktdaten einsehen. Hierbei sind sowohl die Mobilfunknummer des Schiffsführers als auch die Kontaktdaten von Menschen, die über den geplanten Reiseverlauf informiert sind, wichtig.

Entsprechende Daten können formlos bei der Bundesnetzagentur aktualisiert, geändert oder hinzugefügt werden. Im eigenen Interesse sollte die dort hinterlegte Information immer aktuell sein.

Nationale DB DJ1234 Search ☑MMSI ☑Callsign ☑Ship Name ☑Owner

MMSI	**211987650**	IMO-Nr	
Name	**TOPAS**	Rufzeichen	**DJ1234**
Name_Ex		Name_Datum	
Antriebsart	Segelschiff	Besatzung	8
Schiffsart	Vergnügungsfahrzeug	Rettungsboote	
Schiffstyp	Segelschiff	BRZ	9,5
SchiffsNr		BRT	
SSFC-Nr		Länge	11,50
Heimathafen	Bremen	Breite	3,40
GMDSS		Epirbs	B(121,5MHz) E(406MHz)
24h-Kontakt			
Person	Malte Nachbar: +491711234567, Jonas Vereinskollege: +491721234567	Fax	
Tel 1		Tel 2	
Zuteilungsinhaber		**Empfänger Schriftverkehr**	
Name	Bruno Mustermann	Name	Bruno Mustermann
Straße	Seefahrerweg 3	Straße	Seefahrerweg 3
Ort	28199 Bremen	Ort	28199 Bremen
Tel1	+49 421 498 9795	Tel1	+49 421 498 9795
Tel2	+49 173 123 4567	Tel2	
Fax		Fax	
Land	DE, Deutschland	Land	DE, Deutschland
Erfassung	01.09.2010 07:05		

Angaben zur Seefunkstelle aus dem Einsatzleitsystem »Viadux«, mit dem das MRCC Bremen arbeitet

Alarmierung per Mobilfunktelefon

Auch wenn die Seenotleitung telefonisch 24 Stunden am Tag erreichbar ist, so ist die Kontaktaufnahme per Seefunk der telefonischen vorzuziehen. Die Vorteile sind:

- schnelle und sichere Alarmierungsmöglichkeit (über DSC)
- bessere Netzabdeckung (gegenüber Mobilfunktelefonen) und Erreichbarkeit auf See
- Ortungsmöglichkeiten durch Anpeilen des UKW-Funksignals
- Erreichbarkeit aller in Funkreichweite befindlichen Seefunkstellen
- üblicherweise längere und sicherere Stromversorgung

Notfall-Kontaktdaten der DGzRS

UKW:	**Kanal 16 (Ruf: Bremen Rescue), Kanal 70 (DSC)**
MMSI:	**00 211 1240**
Telefon:	**+49 (0) 421 53 68 7-0**
Telefax:	**+49 (0) 421 53 68 7-14**
Inmarsat-C:	**492 521 021**
Mobilfunk:	**124 124** (Alarmierung ausschließlich über Mobiltelefon innerhalb des Abdeckungsbereichs des deutschen Mobilfunknetzes ausschließlich an der deutschen Nord- und Ostseeküste)

Diese Kontaktinformationen dürfen nur im Ernstfall und auf keinen Fall zu Testzwecken verwendet werden.

Für andere Angelegenheiten erreichen Sie die DGzRS telefonisch unter 0421 / 53 70 70 oder im Internet unter www.dgzrs.de.

Ein Mobiltelefon ist im Notfall als zusätzliches Alarmierungsmittel sinnvoll. Dabei sollte die Festnetznummer (statt der Mobilnummer) der Seenotleitung eingespeichert werden, damit eine Erreichbarkeit auch aus dem benachbarten Ausland gewährleistet ist. Auch die Crew sollte mit dem Bordhandy vertraut sein, um dieses im Notfall schnell benutzen zu können.

Mobiltelefone sind bei der Netzabdeckung auf See vermehrt auf der Suche nach geeigneten Funkmasten, was zum schnelleren Entladen führt. Es ist daher ratsam, das Telefon nur gezielt zum Gebrauch einzuschalten, um den Ladezustand zu erhalten.

Funkärztlicher Beratungsdienst

In einigen Ländern wird funkärztliche Beratung über Sprechfunk angeboten. Der Medico-Dienst in Deutschland wird durch das Krankenhaus in Cuxhaven abgedeckt. Es kann durch die Vermittlung einer Küstenfunkstelle auch aus dem Ausland erreicht werden. In Deutschland ist die Vermittlung kostenlos.
Um dem Funkarzt die Diagnose zu erleichtern (und um Rückfragen und Zeit zu sparen), ist es zweckmäßig, vor Gesprächsbeginn einen standardisierten Meldebogen für Notfallbehandlungen auszufüllen.

Medico-Dienst in Cuxhaven

Telefon:	**+49 (0) 4721 78-0 (Zentrale)**
	+49 (0) 4721 78-5 (Notfall)
Fax:	**+49 (0) 4721 78-1520**
E-Mail:	**medico@tmas-germany.de**

www: medico

Zusammenfassung

SRC: 23, 125-130, 147, 175-177

Im **SAR**-Fall (**Suche und Rettung**) koordiniert das **RCC / MRCC** ([Maritime] Rescue Coordination Center) die zur Verfügung stehenden Kräfte, wickelt den Notverkehr ab und **informiert über SAR-Maßnahmen**. Der **On-Scene Coordinator** (**OSC**) übernimmt den **Funkverkehr vor Ort** (On-Scene Communication).
Die Vorteile einer UKW-Seefunkanlage gegenüber einem Mobiltelefon sind die **sichere Alarmierung**, die **Erreichbarkeit aller in Funkreichweite befindlichen Fahrzeuge** und die Verfügbarkeit der **Informationen für alle Beteiligten**.
Ein funkärztliches Beratungsgespräch wird als **Medico-Gespräch** bezeichnet.

Dienstbehelfe

Dienstbehelfe sind Unterlagen für die Abwicklung des Funkverkehrs an Bord. Dort findet man Angaben über die entsprechenden Funkkanäle sowie Prozeduren und Anrufverfahren. Für nicht ausrüstungspflichtige Seefunkstellen wie Sportboote sind nautische Veröffentlichungen nicht vorgeschrieben. Empfehlenswert ist allerdings, mindestens den Funkdienst für die Klein- und Sportschifffahrt bzw. für andere Fahrgebiete ein vergleichbares Werk an Bord mitzuführen.

Funkdienst für die Klein- und Sportschifffahrt

Der Funkdienst für die Klein- und Sportschifffahrt ist für Sportfahrzeuge im Fahrgebiet Nordsee, Ostsee und Englischer Kanal bestimmt. Er erscheint jährlich und wird vom Bundesamt für Seeschifffahrt und Hydrographie herausgegeben. Inhalt sind unter anderem Sendezeiten und Frequenzen von Wetter- und Warndiensten, Such- und Rettungsdiensten, Telekommunikationsdiensten und Revierfunkdiensten. Eine Liste meteorologischer Ausdrücke in unterschiedlichen Sprachen ist ebenfalls abgedruckt.
Die Angaben sind aus den für die Berufsschifffahrt vorgesehenen Seebüchern »Nautischer Funkdienst« und »Revierfunkdienst Nordsee und Englischer Kanal« bzw. »Revierfunkdienst Ostsee« entnommen.

Funkdienst für die Klein- und Sportschifffahrt des BSH

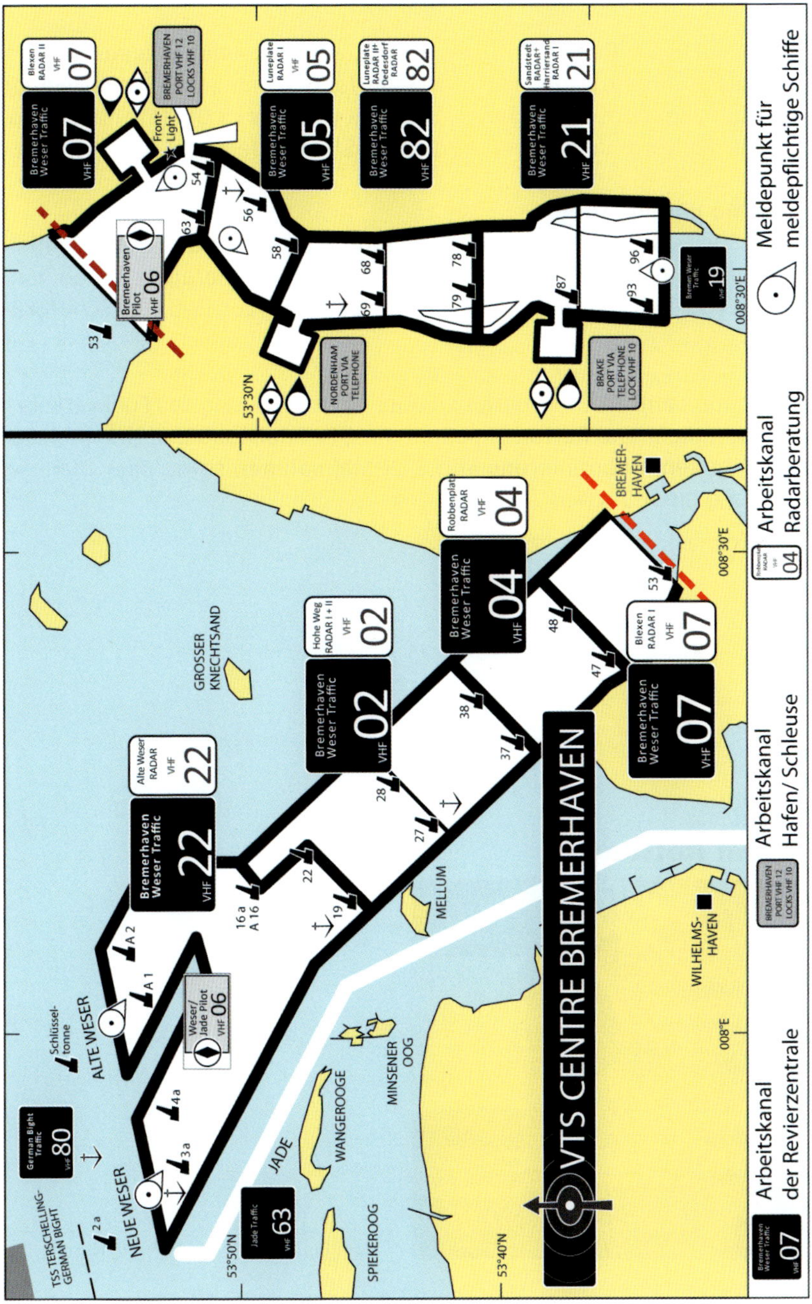

Schiffsverkehrsdienst Bremerhaven aus dem VTS Guide des BSH

VTS Guide

Die UKW-Funkkanäle der Revierzentralen, Häfen, Brücken oder Schleusen kann man dem Funkdienst für die Klein- und Sportschifffahrt, oftmals der Seekarte oder als grafische Übersicht dem Vessel Traffic Services Guide (VTS Guide) entnehmen. Die Ausgabe für die Nord- und Ostsee wird vom BSH veröffentlicht.

Handbuch Suche und Rettung

Das Handbuch Suche und Rettung ist für Sportboote bestimmt und enthält Anleitungen für die Bewältigung von Notlagen auf See. Es wird herausgegeben vom BSH in Zusammenarbeit mit der Deutschen Gesellschaft zur Rettung Schiffbrüchiger (DGzRS).

Die Veröffentlichung enthält Informationen über die Abwicklung des Funkverkehrs in Notfällen, über Such- und Rettungsmaßnahmen, Hilfeleistung und Kommunikation mit Lufteinheiten, Koordinierung von SAR-Maßnahmen sowie über Planung und Durchführung einer Suche.

Handbuch Suche und Rettung des BSH

Öffentliche Küstenfunkstellen in Deutschland

DP07 (gesprochen Delta Papa Null Sieben) bietet als privates Unternehmen an der deutschen Küste einen ganztägigen Service an. Zu der Dienstleistung von DP07 gehören unter anderem die Vermittlung von Telefongesprächen, Seewetterberichte, die Große Konferenz (Vermittlung von Gesprächen per Funk zwischen zwei Seefunkstellen über die Reichweite von UKW hinaus), Travel Reports oder SMS-Seewetterinformationen.

DP07 ist sowohl der Betreiber der deutschen Küstenfunkstelle für den öffentlichen Verkehr als auch eine Abrechnungsgesellschaft (s. Seite 19).

Das Netz der deutschen Küstenfunkstellen ist dem Funkdienst für die Klein- und Sportschifffahrt oder dem Informationsmaterial von DP07 zu entnehmen.

Funktagebuch

Sportboote sind (anders als ausrüstungspflichtige Schiffe) nicht verpflichtet, ein Funktagebuch zu führen. Wichtige Funkgespräche sollten dennoch im Schiffstagebuch festgehalten werden. Auf jeden Fall sollten Angaben über einen Not- und Dringlichkeitsverkehr ins Schiffstagebuch eingetragen werden.

Weitere Funkliteratur

In europäischen Gewässern außerhalb der Reichweite des Funkdienstes für die Klein- und Sportschifffahrt ist der Reeds Nautical Almanac empfehlenswert. Er beinhaltet - auf Englisch - nahezu alle Informationen über Seefunk und Navigation. Die Admiralty List of Radio Signals, vergleichbar mit dem Nautischen Funkdienst für ausrüstungspflichtige Schiffe, ist wesentlich umfangreicher als das deutsche Pendant, aber aufgrund ihres Umfanges eher ungeeignet für Sportboote. In unregelmäßigen Abständen erscheinen die Mitteilungen für Seefunkstellen und Schiffsfunkstellen (MfS), die von der Bundesnetzagentur veröffentlicht werden. Sie enthalten Änderungen und Neuerungen im Funkdienst.

Zusammenfassung

SRC: 6, 150

Seefunkinformationen für die Sportschifffahrt entnimmt man dem **Funkdienst für die Klein- und Sportschifffahrt**. Hinweise zur Kommunikation und Redewendungen in Notfallsituationen stehen im **Handbuch Suche und Rettung**. Beide Publikationen werden vom Bundesamt für Seeschifffahrt und Hydrographie (BSH) herausgegeben.

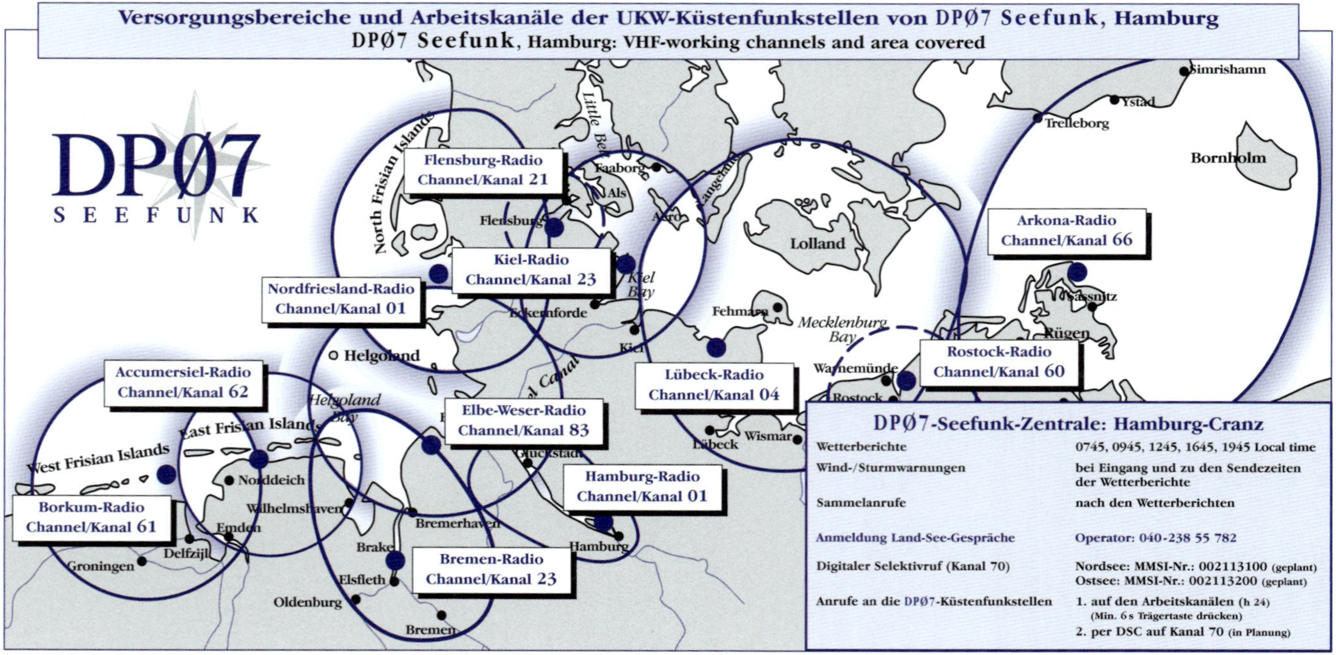

Information: über unsere Operator auf den Arbeitskanälen oder telefonisch: +49(0)40-238 55 782 — Versorgungbereiche schematisch dargestellt — Änderungen vorbehalten 01/23

Übersicht der deutschen Küstenfunkstellen von DP07 für den öffentlichen Nachrichtenaustausch

Funksignal

Funkwellen

Funkwellen sind wie Radio-, Mikrowellen oder sichtbares Licht elektromagnetische Wellen. Sie sind durchaus vergleichbar mit den Wellen, die entstehen, wenn man einen Stein ins Wasser wirft. Es entstehen Wellenberge und -täler auf dem vorher glatten Wasser. Eine Wellenlänge ist der Abstand zweier Punkte der gleichen Phase, also beispielsweise die Strecke von einem Wellenberg bis zum nächsten Wellenberg. Die Frequenz (Schwingungen pro Sekunde) ergibt sich aus der Anzahl der Wellen, die in einer Sekunde am Betrachter vorbeiziehen. Sie wird in Hertz (Hz) angegeben.

Anders als die Wellen auf dem Wasser breiten sich elektromagnetische Wellen mit 300.000.000 Metern pro Sekunde, also Lichtgeschwindigkeit aus. Eine Funkwelle kann aus mehreren Tausend Schwingungen pro Sekunde bestehen:

1 Hz	= 1 Schwingung pro Sekunde			
1 kHz	= 1 Kilohertz	= 1000 Hz		
1 MHz		= 1 Megahertz	= 1000 kHz	= 1 000 000 Hz
1 GHz	= 1 Gigahertz	= 1000 MHz	= 1 000 000 kHz	= ...

Der Frequenzbereich von 30 MHz bis 300 MHz wird als Ultrakurzwelle, kurz UKW bezeichnet. Flugfunk, Polizeifunk oder auch der Hörfunk wird unter anderem in diesem Bereich abgewickelt. UKW-Seefunk und Binnenschifffahrtsfunk finden im Frequenzbereich 156 MHz bis 174 MHz statt.

Reichweite

Ultrakurzwellen (engl. Very High Frequency - VHF) breiten sich gradlinig aus, vergleichbar mit den Lichtstrahlen eines Leuchtturms. Je höher also die Antenne des Senders und des Empfängers ist, desto größer ist die Reichweite des übermittelten Funksignals.

In der nachfolgenden Tabelle sind verschiedene Objekte, ihre Antennenhöhe und die berechnete Funkreichweite in Seemeilen (1 sm = 1,852 km) angegeben.

	Horizot	Dingi / Jolle	Boot	Yacht	Schiff	Küsten-funkstelle
Horizont		2	4	9	11	22
Dingi / Jolle (1 m)	2	4	7	11	14	25
Motorboot (4 m)	4	7	9	13	16	27
Segelyacht (16 m)	9	11	13	18	20	31
Schiff (36 m)	11	14	16	20	23	34
Küstenfunkstelle (100 m)	22	25	27	31	34	

Antennenhöhe der Objekte in Metern / Funkreichweite in Seemeilen

Da die Ausbreitungseigenschaft von UKW-Funkwellen quasioptisch ist, kann die Formel für die »Feuer in der Kimm«-Berechnung auch auf die Reichweite des Funksignals angewendet werden. Lediglich der Faktor weicht geringfügig aufgrund unterschiedlicher Eigenschaften von Funk- und Lichtwellen ab.

Entfernung [sm] = 2,23 · ($\sqrt{\text{Höhe A [m]}}$ + $\sqrt{\text{Höhe B [m]}}$)

Antenne

Zu einer Funkanlage gehören unweigerlich auch das Antennenkabel (Koaxialkabel) mit Verbindern und Steckern und die Antenne. Gerade dem Kabel und den Verbindungen wird oftmals die geringste Aufmerksamkeit geschenkt. Allerdings sorgen nur alle drei Komponenten (Funkanlage, Kabel und Verbindungen) zusammen mit der Antenne für eine optimale Sende- und Empfangsqualität.

Abstrahlungseigenschaften bei unterschiedlicher Verstärkung

Bei Antennen gilt, dass nicht nur die Reichweite mit der Höhe der Antenne steigt, sondern auch mit der Verstärkung, welche in Dezibel (db) angegeben wird. Vergleichbar mit dem Lichtkegel einer Taschenlampe bedeutet eine kleine db-Zahl eine weitwinklige Abstrahlung (mit weniger Reichweite) und eine ansteigende db-Zahl einen Lichtpunkt mit abgeflachtem Abstrahlradius und hoher Reichweite. Es ist daher empfehlenswert, z. B. bei Antennen, die am Mast von Segelyachten montiert sind, eine niedrigere db-Zahl zu wählen, da dadurch, selbst bei starkem Seegang, noch in alle Richtungen ein gleichmäßig starkes Signal abgegeben wird. Motoryachten sind aufgrund der geringeren Höhe der Antenne in der Regel nicht so starken Schwankungen ausgesetzt und verwenden bei der Verstärkung meistens die goldene Mitte von 6 db.
Metallteile in der Nähe der Sendeantennen bewirken eine mehr oder weniger große »Abschirmung« bei der Abstrahlung der Sendeleistung. Die Antenne sollte vertikal mit freier Rundumstrahlung angebracht werden.

Abstrahlungseigenschaften bei Motorbooten. Nicht immer optimaler Abstrahlwinkel

Für einen NAVTEX-Empfänger können Draht-, Stab- oder Aktivantennen verwendet werden. Als Drahtantenne kann ein Stag oder Want dienen. Dieses muss aber gegen den übrigen Schiffskörper isoliert werden. Eine Aktivantenne ist eine Antenne mit einem integrierten Verstärker. Bei tragbaren UKW-Handfunkgeräten werden kurze Stab-, Wendel- oder Teleskopantennen verwendet.

Aus Sicherheitsgründen (Kabelprobleme, Mastbruch etc.) sollte an Bord einer Yacht eine Ersatzantenne oder ein Handfunkgerät mitgeführt werden.

Sendeleistungen

Die maximale Sendeleistung eines UKW-Funkgerätes beträgt 25 Watt. Unter entsprechenden Bedingungen und einer entsprechend hohen Antenne lässt sich damit eine Reichweite digitaler Aussendungen von bis zu 60 Seemeilen erzielen. Für eine Kommunikation in kurzer Entfernung ist man gehalten, die Sendeleistung auf 1 Watt zu reduzieren. Die zur Verfügung stehenden Funkkanäle sind eine knappe Ressource; durch die geringe Sendeleistung werden möglichst wenig Funkteilnehmer gestört. Bei einer Antennenhöhe von ein paar Metern über der Wasserlinie beträgt die Reichweite dann immer noch vier bis acht Seemeilen.
Handfunkgeräte senden üblicherweise mit maximal 6 Watt, können aber ebenfalls auf 1 Watt Sendeleistung reduziert werden.

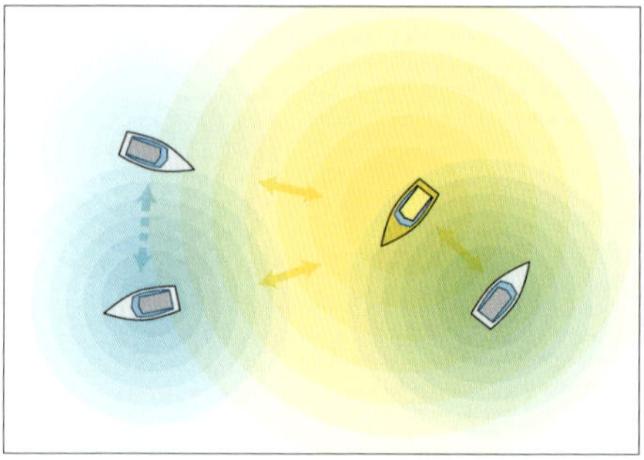

Eine Aussendung mit einer Sendeleistung von 25 W (links) blockiert die Kommunikation auf dem gleichen Kanal.

Zusammenfassung

SRC: 69, 78, 80-82
UBI: 23, 24, 50-53

Der **UKW-Frequenzbereich** erstreckt sich von **30 MHz bis 300 MHz**. Die Ultrakurzwelle hat eine **gradlinige und daher quasioptische** Ausbreitungseigenschaft. Die **Reichweite** eines UKW-Signals hängt vor allem von der **Antennenhöhe** ab. Gestört wird das Signal durch **metallische Gegenstände** oder eine geneigte, also nicht **vertikal ausgerichtete** Antenne. Die Antenne muss **berührungssicher** angebracht sein.
Ein **unregelmäßiges Knacken** oder **starkes Rauschen** beim Empfang ist in der **Kabelverbindung**, bei den **Steckern** oder an der **Antenne** selber zu suchen. Ist ein **optisch wahrnehmbarer Schaden** (an Kabel, Antenne etc.) zu sehen, sollten die Komponenten **ausgewechselt** werden, da dies sonst einen **Schaden an der Funkanlage** verursachen kann. Eine **Ersatzantenne** muss auf den entsprechenden **Frequenzbereich ausgelegt** sein.

Funkanlage

Die modernen DSC-Funkanlagen könnten als eine Kombination aus einem herkömmlichen Funkgerät und einem Telefon beschrieben werden. Der DSC-Controller übernimmt die herkömmliche Hörbereitschaft und alarmiert optisch und/oder akustisch bei Eingang einer Verbindungsanfrage. Die sendende Funkstelle kann auswählen, ob nur bestimmte oder alle in Reichweite befindlichen Funkstellen alarmiert werden sollen.

Soll ein anderes Schiff angerufen werden, tippt man die Rufnummer (MMSI) des Empfängers und ein paar weitere Eingaben ein und sendet einen Digitalen Selektivruf (DSC – Digital Selektiv Calling) an die andere Funkstelle. Wird der Anruf von dort bestätigt, so muss nur noch der Hörer in die Hand genommen werden, um das Gespräch zu führen. Entgeht einmal ein Anruf, während die Anlage eingeschaltet ist, sind die Gesprächsanfragen unter »Received Calls« (empfangene Anrufe) gespeichert.

Der Digitale Selektivruf hat im Wesentlichen folgende Aufgaben:

Alarmierung im Notfall
Via DSC kann ein Notalarm mit der Rufnummer der sich in Not befindlichen Seefunkstelle (MMSI), mit Position, Uhrzeit und gegebenenfalls der Art des Notfalls (s. Seite 39) ausgesendet werden.

Ankündigung von Dringlichkeits- und Sicherheitsmeldungen
Die Meldungen werden via DSC angekündigt und auf dem vorgeschlagenen Arbeitskanal per Sprechfunk abgewickelt.

Anruf an See- bzw. Küstenfunkstellen
DSC wird zur Ankündigung der Gesprächsverbindungen verwendet.

Funkgeräte

Es gibt eine große Vielfalt unterschiedlicher UKW-Funkgeräte. Üblicherweise gleichen sich Geräte eines Herstellers noch einigermaßen. Von Hersteller zu Hersteller gibt es allerdings zum Teil erhebliche Unterschiede. Trotzdem gibt es Funktionen, die eigentlich immer vorhanden sind, auch wenn die Bezeichnung hier variieren kann.

1. POWER oder ON/OFF (Betriebsschalter)

Schaltet die Funkanlage ein und aus. Bei gekoppelten Anlagen mit DSC-Controller wird über POWER auch der DSC-Controller geschaltet.

Anders als bei Handys erhält der Benutzer bei ausgeschalteter Anlage keine Nachricht über verpasste (DSC-)Anrufe.

2. VOL oder VOLUME (Lautstärkeregler)

Regelt die Lautstärke beim Sprechfunkverkehr.

3. SQL oder SQUELCH (Rauschsperre)

Mit der Rauschsperre stellt man die Empfangsempfindlichkeit des Funkempfängers ein. Mit der Rauschsperre kann statisches und atmosphärisches Rauschen ausgefiltert werden.
Dreht man den Filter »rein« - also im Uhrzeigersinn -, wird die Empfindlichkeit des Empfängers reduziert. Wird der Filter »raus«gedreht, hört man sowohl sehr schwache Signale als auch das ungewünschte Rauschen und Knacken aus dem Lautsprecher. In dieser Einstellung kann man gut die gewünschte Lautstärke des Gerätes einstellen.
Wenn die Rauschsperre vorsichtig wieder reingedreht wird, kommt ein Punkt, wo das Rauschen plötzlich aussetzt. Diese Einstellung ist gerade richtig, um schwache Signale noch empfangen zu können, aber trotzdem durch das Rauschen nicht gestört zu werden.

> Mithilfe der Rauschsperre kann überprüft werden, ob der Kanal belegt ist. Es gilt immer: »Erst hören, dann sprechen.«

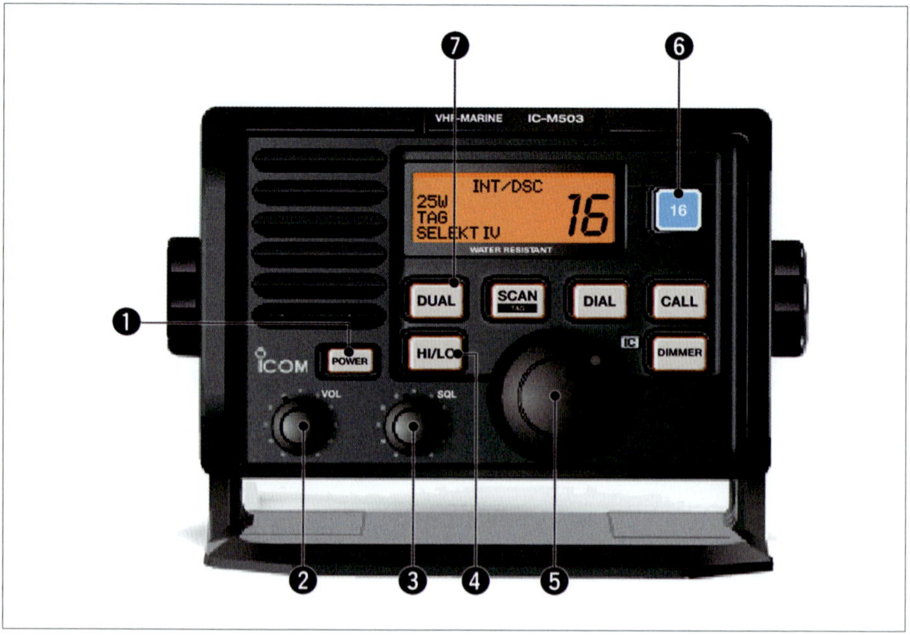

Funkgerät vom Typ ICOM IC-M 503

4. HI/LO oder 25 W/1 W (Sendeleistung)

Die maximale Sendeleistung eines UKW-Funkgerätes beträgt 25 Watt. Unter guten Bedingungen und mit einer entsprechend hohen Antenne ergeben sich damit Reichweiten von bis zu 60 Seemeilen.
Für die Kommunikation im Nahbereich (vier bis acht Seemeilen) wird auf 1 Watt umgeschaltet.

5. CH oder CHANNEL (Kanalwahlregler)

Mit einem Drehrad oder Auswahltasten (hoch/runter) können die verschiedenen Kanäle ausgewählt werden. Neben dem Kanalwahlregler gibt es oftmals eine zusätzliche Schnellwahltaste für Kanal 16.

6. Kanal 16 (Schnellwahltaste)

Schaltet direkt auf den Not- und Anrufkanal 16 um.

7. DUAL (Zweikanalüberwachung)

Schaltet die Zweikanalüberwachung (Dual Watch) ein und aus. Bei eingeschalteter Überwachung werden Kanal 16 und ein zusätzlicher, frei wählbarerer Kanal gleichzeitig abgehört.

Sprechtaste/PTT-Taste (Push-to-Talk)

Die Sprechtaste ist am Mikrofon oder Handhörer eingebaut. Beim Betätigen dieser Taste schaltet die Funkanlage von Empfang auf Senden um. Man kann jetzt sprechen, hört den Gesprächspartner aber nicht, solange die Taste gedrückt bleibt.

> Vergessen Sie vor allem in Stresssituationen nicht, die Sprechtaste wieder loszulassen, damit man Ihnen antworten kann!

Raymarine-Funkanlage mit integriertem DSC-Controller und Mikrofon

Es ist schon vorgekommen, dass die Sprechtaste sich verklemmt hat, wenn z. B. der Hörer nicht richtig in die Halterung eingehängt wird. Dann wird ein dauerhaftes Trägersignal ausgesendet, das den restlichen Funkverkehr erheblich stört. Möglicherweise kann dann die gesamte Küste den Bordalltag dieses Bootes mitverfolgen. Da ja die Sprechtaste gedrückt und die Anlage im Sendemodus ist, empfängt die störende Funkstelle nichts mehr und kann daher auch nicht darauf hingewiesen werden. Nimmt man in einem viel befahrenen Revier daher irgendwann wahr, dass kein Funkverkehr mehr herrscht, sollte man einmal nach seiner Anlage schauen.

DSC-Controller

Die meisten Funkanlagen haben heutzutage DSC-Controller und Sprechfunk in einem Gerät integriert. Ist die Anlage mit einem GPS-Ortungssystem gekoppelt, werden im Notfall die Position und Zeit automatisch mitgesendet. Anderenfalls können die Position und Zeit manuell aktualisiert werden.

Ist kein GPS an die Funkanlage angeschlossen oder ist die Verbindung defekt, sollte die Position und die Zeit in der Anlage manuell mindestens alle vier Stunden aktualisiert werden.

Über eine Menüführung können die gewünschten Funktionen aufgerufen werden. Die Bedienung der Geräte weicht zum Teil erheblich voneinander ab, daher ist es unvermeidlich, die Gebrauchsanweisung zu studieren. Folgende Tasten sind üblicherweise an einer Funkanlage mit DSC-Controller vorhanden:

1. DISTRESS oder SOS (Notalarmierungstaste)

Diese Taste befindet sich üblicherweise hinter einer Schutzklappe, um versehentliche Aussendungen zu vermeiden. Beim Drücken der Taste wird optisch und akustisch angezeigt, dass die Notalarmierung eingeleitet wurde. Nach drei bis fünf Sekunden (je nach Gerät) wird der Alarm ausgesendet. Diese Verzögerung dient der Vermeidung von Fehlalarmierungen.

2. CLR oder CLEAR (Abbruchtaste)

Die Funktion dieser Taste sollte in der Bedienungsanleitung nachgelesen werden, da es hier starke Unterschiede bei den Anlagen gibt.

3. CALL, MENU oder EDIT (Menütaste)

Diese Taste öffnet das Hauptmenü des DSC-Controllers. Mit Auswahltasten (5) oder einem Drehknopf wählt man den gewünschten Menüpunkt aus, und mit der ENT- oder ENTER-Taste (4) oder dem Druck auf das Drehrad wird der markierte Eintrag ausgewählt.

6. NUMMERNBLOCK

Das Tastenfeld mit den Nummern dient der Eingabe der Zahlen an entsprechender Stelle.

DSC-Controller vom Typ ICOM DS-100

Menüstruktur eines DSC-Controllers

Entry position/time	Positions- und Zeiteinstellung
Individual Call	Anruf an eine Funkstelle
Individual ACK	Anrufquittierung eines Selektivrufs
Group Call	Gruppenanruf (Reederei etc.)
All Ships Call	Anruf an alle Funkstellen
Position Request	Positionsabfrage der Gegenstelle
Received Calls	Empfangene Meldungen
Distress Settings	Notalarmierungseinstellungen
Nature of distress	Art des Notfalls
Undesignated	Unbestimmt (voreingestellt)
Fire, Explosion	Feuer, Explosion
Flooding	Wassereinbruch
Collision	Kollision
Grounding	Grundberührung
Capsizing	Kentern
Sinking	Sinken
Disable Adrift	Manövrierunfähig und treibend
Abandoning Ship	Verlassen des Schiffs
Piracy Attack	Piratenangriff
Man Over Board	Person über Bord
Set up	Einstellungen des Controllers
Adress ID	Adressbuch
Offset Time	Bordzeit/Zeitunterscheid zu UTC
Brightness	Helligkeit
Contrast	Kontrast
MMSI Check	Überprüfung der eigenen MMSI

Menüstruktur eines DSC-Controllers am Beispiel des Modells ICOM DS-100

Es ist nicht möglich, die gesamte Bedienung der Funkanlage anhand eines Buches zu erlernen. Wir empfehlen, die praktische Gerätekunde in einer Ausbildungsstätte für Seefunk zu üben.

Handsprechfunkgerät

UKW-Handsprechfunkgeräte sind außer für den Funkverkehr an Bord für den Einsatz auf Rettungsbooten, Rettungsinseln und Überlebensfahrzeugen vorgesehen. Sie sollten wasserdicht sein und mindestens über Kanal 16 und einen weiteren Kanal verfügen. Es dürfen nur zugelassene, angemeldete Geräte eingesetzt werden. Da sich die UKW-Funkwellen quasioptisch ausbreiten, ist beim Einsatz von Handsprechfunkgeräten zu berücksichtigen, dass die geringe Antennenhöhe, aber auch eine reduzierte Sendeleistung sowie der Ladezustand der Akkus zu Einschränkungen in der Reichweite führen können.

Tragbare Funkgeräte dürfen an Bord auch von Personen, die nicht Inhaber eines Seefunkzeugnisses sind, zu schiffsbetrieblichen Zwecken bedient werden. Diese beweglichen Funkstellen dürfen auch als Seefunkgerät anstelle einer fest eingebauten Anlage betrieben werden. Ein Betrieb an Land ist in Deutschland nicht zulässig, ebenso wenig auf Kleinfahrzeugen im Binnenschifffahrtsfunk.

Handsprechfunkgeräte sind heute nicht mehr teuer. Als »Ersatzgerät« und vor allem, wenn das Schiff verlassen werden muss, ist ein Handsprechfunkgerät aus Sicherheitsgründen sehr zu empfehlen.

Auswahl der Funkanlage

Eine Funkanlage sollte intuitiv zu bedienen und gut ablesbar sein. Große Tasten mit vernünftigem Druckpunkt und ein ausreichend großes Display sind ebenfalls wichtig. Eine Zehnertastatur erleichtert die Eingabe der 9-stelligen MMSI.
Eine Funkanlage sollte daher vor dem Kauf ausprobiert werden. Auf Messen oder beim Händler sind die Geräte aufgebaut und ausgestellt. Zudem kann von den meisten Anlagen die Bedienungsanleitung via Internet eingesehen werden.

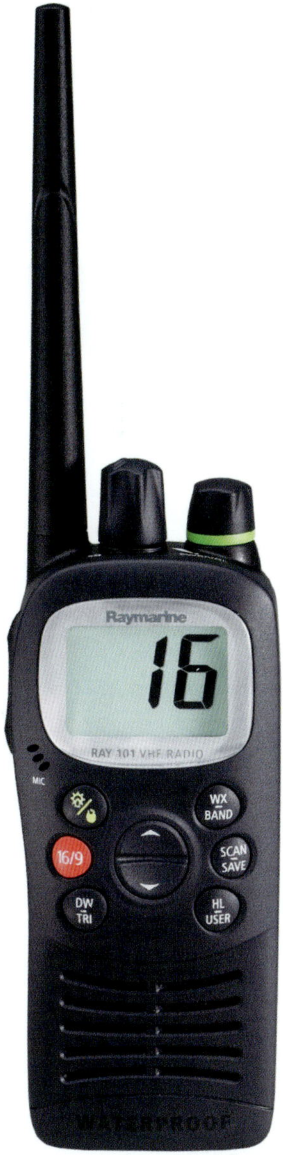

Handsprechfunkgerät von Raymarine

Zusammenfassung

SRC: 51-56, 60, 68
UBI: 54

Der **Digitale Selektivruf (DSC)** ist eine digitale Aussendung, die bei der gerufenen Funkstelle ein **optisches und/oder akustisches Signal** auslöst. Eine digitale Aussendung hat eine deutlich **höhere Reichweite** als eine Aussendung per Sprechfunk. Eingehende Notfallmeldungen werden bei eingeschaltetem Gerät **automatisch gespeichert**. Ist der DSC-Controller mit einem **GPS** gekoppelt, werden im Notfall die **Position und Zeit automatisch mitgesendet**.
Durch die **Rauschsperre (Squelch)** soll der **Mindest-Empfangssignalpegel** eingestellt werden. Damit ist sicherzustellen, dass kein anderer Funkverkehr gestört wird.

EPIRB

Die Satelliten-Notfunkbake (Emergency Position Indicating Radio Beacon – EPIRB) dient der weltweiten Ortung und Identifizierung von Signalen in Not geratener Fahrzeuge oder Personen. Die handelsüblichen 406-MHz-EPIRBs senden bei Aktivierung ein digitales Notsignal an COSPAS-SARSAT-Satelliten. Dieses Notsignal wird an Erdfunkstellen und dann an die Rettungsleitstelle bzw. Seenotleitung (RCC/MRCC) weitergeleitet.

EPIRB mit Gehäuse und Wasserdruckauslöser von ACR

Die Satelliten

Das COSPAS-SARSAT-System wird betrieben von einem internationalen Konsortium, das im Jahre 1979 von der Sowjetunion, den USA, Kanada und Frankreich

gegründet wurde. Das System besteht aus geostationären Satelliten (GEOSAR) und polumkreisenden Satelliten (LEOSAR).
Die GEOSAR-Satelliten stehen in ca. 36.000 km Höhe über dem Äquator und decken den Großteil der Erde (Bereich der Seegebiete A1 bis A3) ab. Ein Notruf wird von den Satelliten empfangen und sofort weitergeleitet. Sie können aber nicht selbstständig die Position der EPIRB bestimmen. Notrufe, die im Seegebiet A4 ausgesendet werden, können nur von den LEOSAR-Satelliten empfangen werden.
Die LEOSAR-Satelliten umkreisen die Erde (Seegebiete A1 bis A4) in einer Flughöhe von 1000 Kilometer. Ihre Abdeckung beträgt im Durchmesser 6.000 Kilometer oder anders ausgedrückt 6 % der Erdoberfläche. Beim Überfliegen können die Satelliten den Notruf empfangen, die Position der EPIRB mittels Dopplereffekt bestimmen und den Notruf und die berechnete Position weiterleiten. Dies erfolgt jedoch erst, wenn sie im Empfangsbereich einer Erdfunkstelle sind, was mehrere Stunden dauern kann.

Es gibt EPIRBs auf dem Markt, die mit GPS ausgestattet sind und die Position im Notfall gleich mitsenden. Diese sind nur geringfügig teurer im Verhältnis zu den Modellen ohne eingebautes GPS und daher empfehlenswert.

Funktionsweise und Handhabung von EPIRBs

Das ausgesendete Notsignal einer Seenotfunkbake beinhaltet die Seefunkkennzahl, eine Seriennummer der EPIRB, die MMSI der Seefunkstelle (falls vom Hersteller oder Händler einprogrammiert) und die Position (falls die EPIRB mit einem GPS-Empfänger ausgestattet ist). Zusätzlich können EPIRBs mit einem UKW-Peilsignal auf 121,5 MHz ausgestattet sein, das von SAR-Schiffen oder Luftfahrzeugen empfangen, angepeilt und angefahren werden kann.
Die EPIRBs unterteilen sich in zwei Kategorien. Sie können sowohl automatisch durch Wasserkontakt und manuell (Kategorie I) oder nur manuell (Kategorie II) aktiviert werden.

Sie sollten sich vergewissern, ob Sie eine EPIRB der Kategorie I oder II besitzen, damit im Notfall die Funktionsweise klar ist.

Eine EPIRB sollte an einem leicht zugänglichen Ort verstaut sein. Es empfiehlt sich, die EPIRB in einem speziell dafür vorgesehenen Gehäuse mit Wasserdruckauslöser im äußeren Decksbereich anzubringen. Sie sollte ohne Weiteres von Hand aus der Halterung gelöst und von einer Person in ein Überlebensfahrzeug getragen werden können und muss frei aufschwimmen können, falls das Fahrzeug sinkt.
Jede EPIRB hat eine Testfunktion. Eine Überprüfung der EPIRB sollte in regelmäßigen Abständen erfolgen. Dabei ist die Bedienungsanleitung zu beachten, um

die Aussendung eines Fehlalarms zu vermeiden. Neben dem Selbsttest sollte das Haltbarkeitsdatum der Batterie (5 Jahre) überprüft werden.
Zu der Familie der Notfunkbaken gehören auch ELTs (Emergency Locator Transmitters) und PLBs (Personal Locator Beacons), die nach dem gleichen Prinzip funktionieren. Erstere werden in der Luftfahrt eingesetzt, während die kleinen und handlichen PLBs im Sport- und Freizeitbereich am Körper getragen und daher auch in der Regattaszene eingesetzt werden.

Zusammenfassung

SRC: 160-172, 180

Eine **Seenotfunkbake (EPIRB)** darf **nur im Notfall manuell oder automatisch** ausgelöst werden. Sie sollte in einem **Container mit Wasserdruckauslöser im äußeren Decksbereich** montiert sein. Bei einer Alarmierung werden neben dem Notsignal ein Identifikationsmerkmal und die **GPS-Position** (falls vorhanden) auf **406 MHz ausgesendet**. Bei einer **Wartung** ist sicherzustellen, dass **kein Fehlalarm** ausgelöst wird.
Polumlaufende Satelliten (**LEOSAR**) **können die Position der EPIRB bestimmen**, benötigen aber **bis zu vier Stunden**, um das Signal weiterzuleiten. Bei **GEOSAR**-Satelliten erfolgt die Alarmierung **in wenigen Minuten**. Entsprechend ausgestattete EPIRBs können von SAR-Schiffen oder Luftfahrzeugen auf der **Frequenz 121,5 MHz angepeilt** werden.
Eine EPIRB enthält Angaben über **Schiffsname/Rufzeichen/MMSI** oder ein **anderes Identifikationsmerkmal, Seriennummer, Haltbarkeitsdatum** der Batterie und **des Wasserdruckauslösers** (falls vorhanden).

SART

SART steht für Search and Rescue Transponder. Ein Radar-SART arbeitet auf der Radarfrequenz 9 GHz und erzeugt ein bestimmtes Muster auf dem Radarschirm eines sich annähernden Schiffes.
Er kann auf Schiffen oder Rettungsbooten fest installiert oder als tragbares Gerät eingesetzt werden. Ein tragbares Gerät kann je nach Modell manuell oder automatisch beim Eintauchen ins Wasser aktiviert werden. Nach Aktivierung sendet der SART Impulse aus, sobald er vom Radar eines anderen Schiffes erfasst wird. Ein aktivierter Radar-SART erzeugt auf dem Radarschirm eine Linie von zwölf Punkten (bei Annäherung Kreisbögen). Daraus können Richtung und Entfernung zum Radartransponder abgelesen und die Zielfahrt (Homing) zum SART eingeleitet werden. Die Reichweite ist von der Antennenhöhe des Empfängers abhängig, sie kann bis zu acht Seemeilen betragen, verschlechtert sich bei hohem Seegang allerdings erheblich.

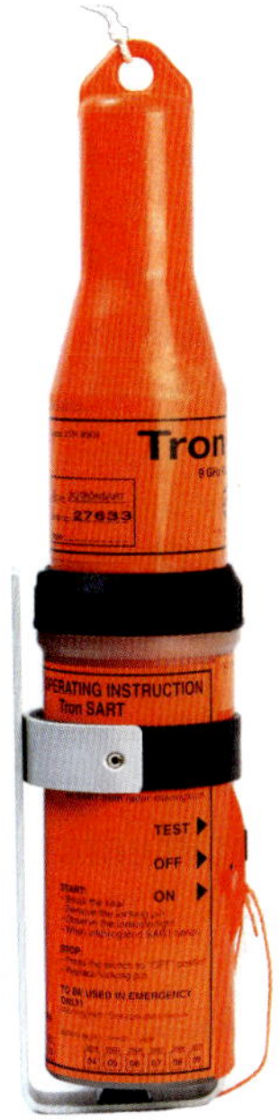

Radar-SART von Jotron

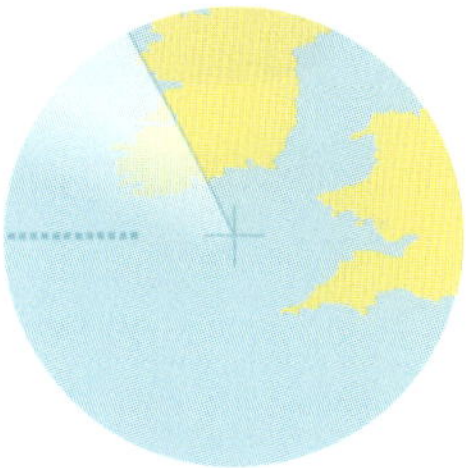

SART in 270°

SART in 315°

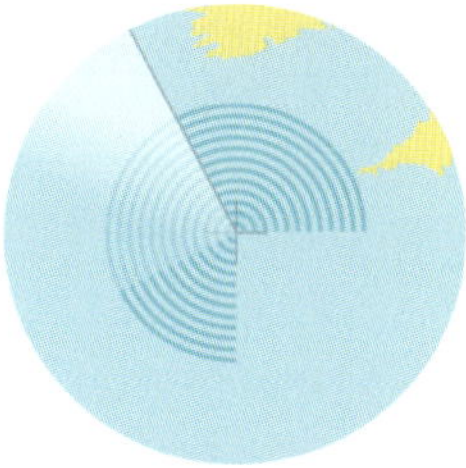

SART Backbord voraus

Ein SART sollte regelmäßig über die Testfunktion getestet werden. Am besten führt man den Selbsttest aus, indem man gleichzeitig überprüft, ob das Signal auf dem Radarschirm sichtbar wird. Das Testsignal ist identisch mit dem Notsignal, sodass ein Test so kurz wie möglich gehalten werden soll. Neben dem Selbsttest ist das Verfallsdatum der Batterie (5 Jahre) zu kontrollieren.

In der Rettungsinsel funktioniert ein SART optimal, wenn er so hoch wie möglich montiert wird. Das Anbringen am Dach der Rettungsinsel ist in Ordnung, solange kein Aluminium oder Metall in der Nähe ist. Die gleichzeitige Verwendung eines Radarreflektors stört das Signal des SART erheblich.

AIS-SART

Search and Rescue Transponder, die auf Basis des Automatischen Schiffsidentifizierungssystems (s. Seite 50) arbeiten, sind eine Alternative oder Ergänzung zu dem vom GMDSS geforderten SART. Die AIS-SARTs haben ein eingebautes GPS und senden bei Aktivierung ein Notsignal auf den AIS-Kanälen. Dem Empfänger wird als Kennung eine MMSI beginnend mit 970 oder ein Kreuz mit einem Kreis auf dem Kartenplotter angezeigt. Beides kennzeichnet ein Schiff in Not.

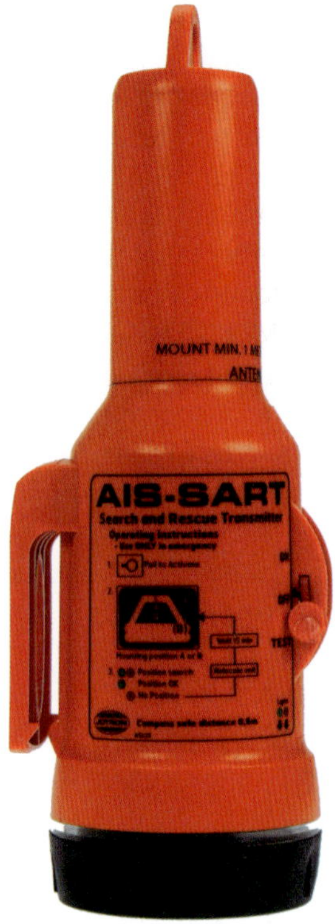

AIS-SART von Jotron

Zusammenfassung

SRC: 173, 174, 179

Ein **Radar-SART** sendet Ortungsfunksignale aus, die im Seenotfall das Auffinden des verunglückten Fahrzeugs **mittels Radar** erleichtern sollen. Dieses Signal besteht aus einer **Linie von zwölf Punkten,** die sich bei Annäherung zu Kreisbögen entwickeln.

NAVTEX

NAVTEX (NAVigational TEXt Messages) dient dem Empfang von Nautischen Warnnachrichten, Wetterwarnungen und dringenden Meldungen im Funktelexverfahren und ist ein Bestandteil des Weltweiten Seenot- und Sicherheitssystems (GMDSS). Diese Meldungen zur Sicherheit der Schifffahrt (Maritime Safety Informations - MSI) werden in schriftlicher Form alle vier Stunden von Stationen an der Küste ausgesendet. Die Reichweite beträgt 250 bis 400 Seemeilen. Einige Stationen senden zusätzlich einen Wetterbericht aus. Dies geschieht in unseren Breiten auf den Mittelwellenfrequenzen 518 kHz und auf 490 kHz.

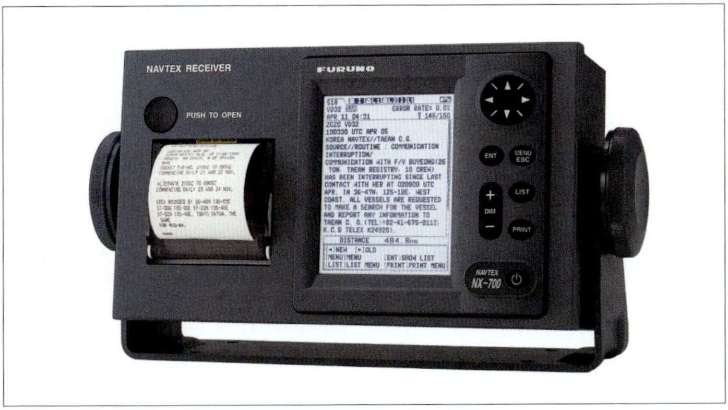

NAVTEX-Empfänger von Furuno

Auf der NAVTEX-Frequenz 518 kHz werden Meldungen in englischer Sprache und auf 490 kHz in Landessprache ausgestrahlt. Die Meldungen gelten für bestimmte Seewarngebiete (NAVAREAS) und können je nach Gerät am Display angezeigt und/oder ausgedruckt werden (der Ausdruck ist vorgeschrieben für ausrüstungspflichtige Schiffe).
Jedes Fahrzeug mit einem NAVTEX-Empfänger muss im küstennahen Bereich seiner Hörbereitschaft auf der Frequenz 518 kHz nachgehen.

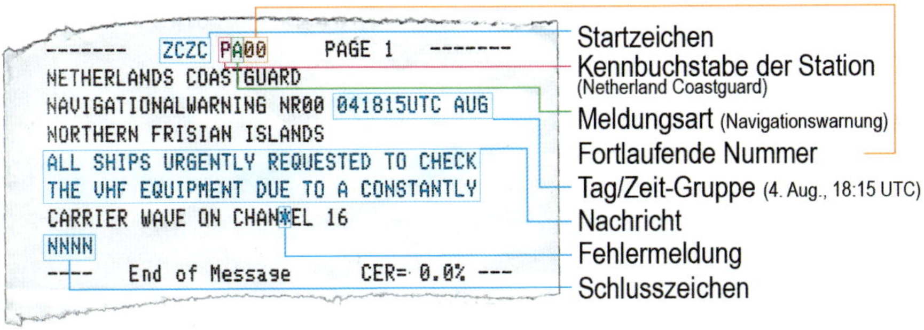

NAVTEX-Meldung und Erläuterung

Einstellung des Empfängers

Der Empfänger kann so programmiert werden, dass sowohl bestimmte Nachrichtenarten als auch Stationen unterdrückt werden können. Beispielsweise interessieren Sie auf einem Törn nach Helgoland nicht die Wettervorhersagen aus Schweden oder norwegische Eiswarnungen.

Alle vier Stunden werden auch bereits ausgesendete Nachrichten erneut ausgestrahlt. Wenn Sie Ihren NAVTEX-Empfänger (auch über Nacht) eingeschaltet lassen, »erinnert« sich das Gerät, welche Nachrichten schon empfangen und ausgegeben wurden, und gibt diese nicht erneut aus.

Meldungsarten

Die Meldungsarten haben unterschiedliche Kennbuchstaben (siehe Kasten). Nautische Warnnachrichten (A), Meteorologische Warnungen (B) und SAR-Meldungen (D) können nicht unterdrückt werden. Navigationswarnungen mit dem Buchstaben (L) sollten nicht ausgeschlossen werden. Alle anderen Meldungen lassen sich je nach Bedarf filtern.

Meldungsarten

A Nautische Warnnachrichten
B Meteorologische Warnungen
C Eisbericht
D SAR-Meldungen
E Meteorologische Vorhersage
F Lotsen- und VTS-Vorhersage
G AIS-Dienstmeldung
H LORAN-Meldung
J GNSS-Meldung (z. B. GPS)
K Andere elek. Navigationssysteme
L Weitere Navigationswarnungen

Auszug der Meldungsarten. Hervorgehobene Meldungen lassen sich nicht unterdrücken.

Stationen und Navareas

Es gibt 16 international festgelegte Vorhersage- und Seewarngebiete (NAVAREAs) weltweit mit jeweils maximal 26 Stationen (ebenfalls unterschiedliche Kennbuchstaben). NAVAREA I ist die Nordsee (einschließlich England, Irland und Island) mit 24 Stationen. NAVAREA III ist das Mittelmeer. Die deutsche Station Pinneberg sendet sowohl auf 518 kHz (Kennbuchstabe S - internationale Meldungen in englischer Sprache) als auch auf 490 kHz (Kennbuchstabe L - nationale Meldungen in deutscher Sprache).

Zusammenfassung

SRC: 16-18, 116-124

NAVTEX ist ein landgestütztes Funktelexverfahren mit einer Reichweite von **ungefähr 400 Seemeilen**, das regelmäßig (**alle vier Stunden**) Nachrichten zur Sicherheit der Schifffahrt (**MSI**) auf den **Frequenzen 518 kHz und 490 kHz** aussendet. Im NAVTEX-Empfänger muss die **jeweilige Station** des **Vorhersage- und Seewarngebietes (NAVAREA)** und die **Art der Meldung** eingestellt werden. **Nautische Warnnachrichten (NX), Meteorologische Warnungen (WX) und SAR-Meldungen können** vom **Empfänger nicht unterdrückt werden.**

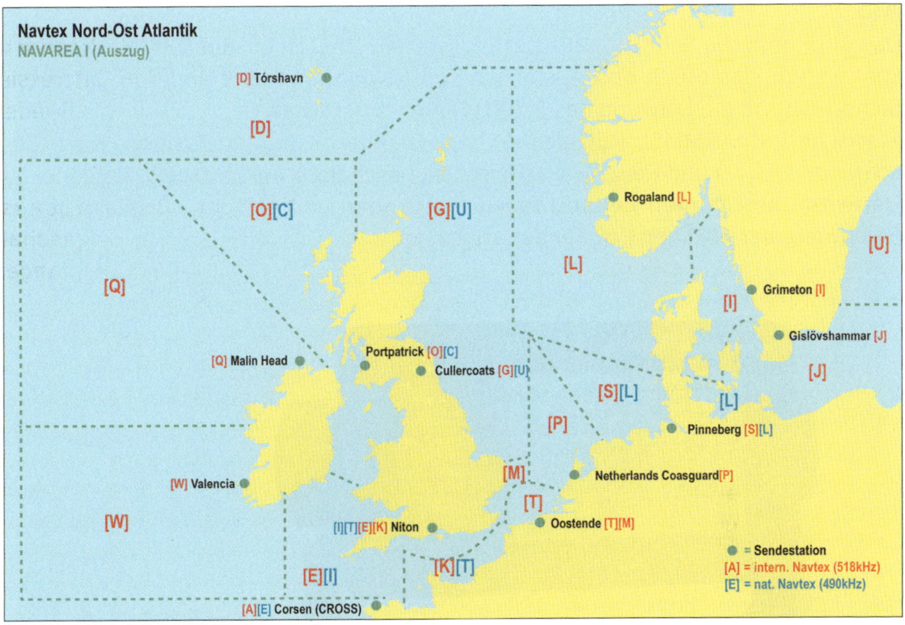

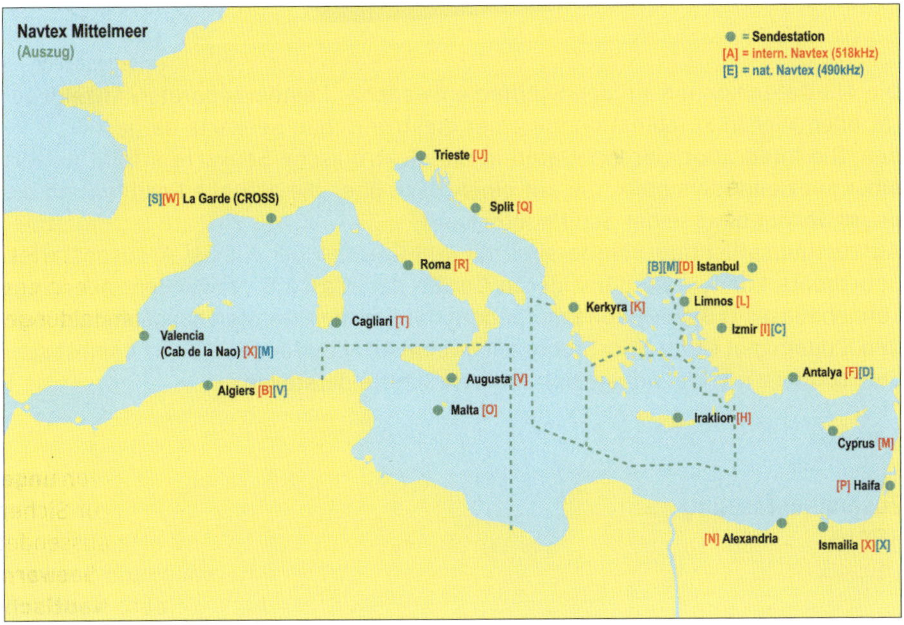

NAVAREA I und III (Auszug) mit internationalen und nationalen Stationen

AIS

Das Automatische Schiffsidentifizierungssystem (AIS) ist ein auf UKW basierendes Funksystem, das durch den Austausch von Navigations- und anderen Daten die Sicherheit und die Lenkung des Schiffsverkehrs verbessert.
Statische Daten (MMSI, Rufzeichen, ...), dynamische Daten (Position, Kurs, Geschwindigkeit, ...) und Reisedaten (Reiseziel, geschätzte Ankunftszeit, Tiefgang, ...) werden in bestimmten Zeitabständen übertragen und auf den Displays der in Reichweite befindlichen Empfänger angezeigt.

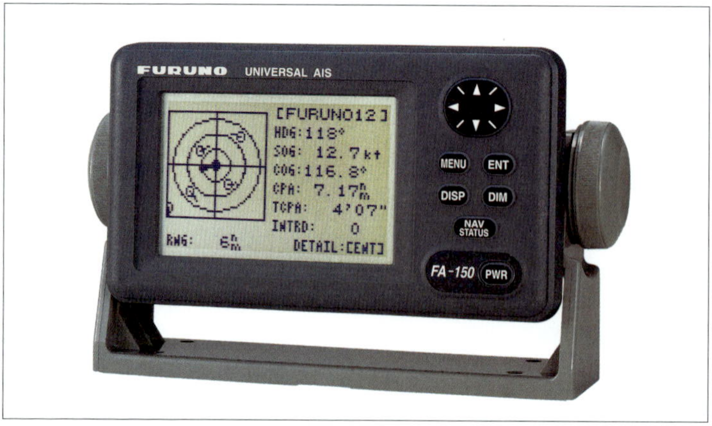

AIS als separates Anzeigegerät von Furuno

Die AIS-Daten können auf den Schiffen entweder auf einem separaten Anzeigegerät oder aber in Kombination mit einer elektronischen Seekarte dargestellt werden. Die Integration der AIS-Daten in die elektronische Seekarte erfolgt mittels einer speziellen Symbolik, die auf einen Blick über die aktuelle Position und die gegenwärtigen Kurse der Schiffe informiert.
Ausrüstungspflichtige Schiffe sind mit AIS-Geräten der Klasse A ausgestattet. Sportboote können die günstigeren Geräte der Klasse B verwenden. Allerdings können Klasse-B-Signale von Empfängern mit Klasse-A-Geräten ausgeblendet werden. Zudem gibt es für Sportboote auch reine AIS-Empfänger, die nicht selbst senden, sondern nur die Signale der anderen Schiffe darstellen.

INTERNET

www: ais

Zusammenfassung

SRC: 19
UBI: 45, 46

Das **Automatische Schiffsidentifizierungssystem (AIS)** überträgt statische, dynamische und reisebezogene Daten über UKW.

UKW-Kanäle

Der UKW-Frequenzbereich im Seefunk erstreckt sich von 156 MHz bis 174 MHz. Zur Vereinfachung wird mit Kanälen gearbeitet, denen eine (Simplex) oder zwei (Duplex) Frequenzen zugeordnet sind.
Bis 1972 gab es 28 Kanäle, bis technische Verbesserungen es ermöglichten, die Anzahl der Kanäle zu verdoppeln, indem der Frequenzabstand zwischen den Kanälen halbiert wurde. Es entstanden die zusätzlichen Kanäle 60 bis 88.
Auf der WRC 2020 wurden weitere Kanäle festgelegt, um der zunehmenden digitalen Kommunikation zwischen Schiffen untereinander, aber auch der Schiff-Land-Kommunikation gerecht zu werden. Diese werden hier nicht aufgeführt.

Bedeutung der UKW-Kanäle

Die UKW-Seefunkkanäle stehen dem Schiff-Schiff-Verkehr, dem Revierfunk, Hafenfunk und Schiffslenkungsdienst oder dem öffentlichen Verkehr zur Verfügung. Über die Hälfte der Kanäle können für den Schiff-Schiff-Verkehr nicht verwendet werden, da sie Duplexkanäle sind (s. Seite 55).

Folgende Kanäle sind den genannten Zwecken zugeordnet:

Kanal 06

Dieser Kanal dient dem Funkverkehr zwischen See- und Luftfunkstellen bei SAR-Einsätzen. Hierbei richtet sich die Verkehrsabwicklung nach den Bestimmungen des Seefunks. Kanal 06 ist auch für den internationalen Schiff-Schiff-Verkehr vorgesehen.

Kanal 13

Dieser Kanal steht in der Schiff-Schiff-Kommunikation für navigatorische Absprachen zur Verfügung und wird üblicherweise von Berufsschiffen in der Revierfahrt abgehört.

Kanal 15 und 17

Auf diesen Kanälen findet innerbetrieblicher Funkverkehr zwischen Brücke, Bug und Heck bzw. Schlepper und Anhang oder Rettungsboot statt. Die Sendeleistung ist automatisch auf 1 Watt reduziert.

Kanal 16

Kanal 16 ist für den Not- und Dringlichkeitsverkehr sowie die Ankündigung von Sicherheitsverkehr und Routineverkehr vorgesehen. Kanal 16 darf darüber hinaus für Anrufe genutzt werden, wenn eine anderweitige Kontaktaufnahme (beispielsweise per DSC) nicht möglich ist. Routinefunkverkehr darf nicht abgewickelt werden. Kanal 16 sollte immer abgehört werden.

Kanal 69 und 72 (nur national)

Diese Kanäle werden für den Austausch von »Nachrichten sozialer Art«, d. h. Verbindungen zwischen Sportbooten in deutschen Hoheitsgewässern empfohlen.

PRAXIS-WISSEN

Kanal 69 kann auch anders belegt sein (z. B. Cuxhaven Port und Lock, Neuer Hafen Lock in Bremerhaven, Oste Bridge, Geversdorf Bridge oder Oberndorf Bridge). In diesen Revieren muss daher auf die Nutzung von Kanal 69 für »Nachrichten sozialer Art« verzichtet werden.

Kanal 70

Auf Kanal 70 werden die digitalen Signale des DSC-Controllers übermittelt. Der Kanal ist für den Sprechfunk gesperrt.

Kanal 75 und 76

Da die Frequenzen der Kanäle 75 und 76 unmittelbar neben der Frequenz von Kanal 16 liegen, ist die Sendeleistung automatisch auf 1 Watt reduziert, um den Kanal 16 nicht zu stören. Diese Kanäle sind auf den die Seeschifffahrt betreffenden Funkverkehr begrenzt.

Kanäle 06, 08, 72, 77

Diese Kanäle sind für den internationalen Schiff-Schiff-Verkehr vorgesehen. Alle anderen Simplexkanäle stehen nicht nur für die Schiff-Schiff-Kommunikation, sondern auch für den Revierfunk, Hafenfunk oder Schiffslenkungsdienst zur Verfügung. Es liegt an jedem einzelnen, diese knappe Ressource mit Bedacht zu nutzen. Wenn möglich, sollten die höheren Kanäle (Kanal 72 und 77) verwendet werden.

Kanal		Sendefrequenz (MHz)		Schiff-Schiff	Hafenfunkdienst und Schiffslenkungsfunkdienst		Öffentl. Nachrichtenaustausch
		SeeFuSt	KüFuSt		Simplex	Duplex	
	60	156,025	160,625		✓	✓	✓
1		156,050	160,650		✓	✓	✓
	61	156,075	160,675		✓	✓	✓
2		156,100	160,700		✓	✓	✓
	62	156,125	160,725		✓	✓	✓
3		156,150	160,750		✓	✓	✓
	63	156,175	160,775		✓	✓	✓
4		156,200	160,800		✓	✓	✓
	64	156,225	160,825		✓	✓	✓
5		156,250	160,850		✓	✓	✓
	65	156,275	160,875		✓	✓	✓
6		156,300		✓	2. SAR-Kanal		
	66	156,325	160,925		✓	✓	✓
7		156,350	160,950		✓	✓	✓
	67	156,375	156,375	✓	✓		
8		156,400		✓			
	68	156,425	156,425		✓		
9		156,450	156,450	✓	✓		
	69	156,475	156,475	✓	✓		
10		156,500	156,500	✓	✓		
	70	156,525	156,525	**Digitaler Selektivruf**			
11		156,550	156,550		✓		
	71	156,575	156,575		✓		
12		156,600	156,600		✓		
	72	156,625		✓			
13		156,650	156,650	✓	✓		
	73	156,675	156,675	✓	✓		
14		156,700	156,700		✓		
	74	156,725	156,725		✓		

Kanal		Sendefrequenz (MHz) SeeFuSt	KüFuSt	Schiff-Schiff	Hafenfunkdienst und Schiffslen-kungsfunkdienst Simplex	Duplex	Öffentl. Nach-richten-aus-tausch
15		156,750	156,750	✓	✓	1 Watt (Funk an Bord)	
	75	156,775			✓	1 Watt	
16		156,800	156,800	**Not, Sicherheit und Anruf**			
	76	156,825			✓	1 Watt	
17		156,850	156,850	✓	✓	1 Watt (Funk an Bord)	
	77	156,875		✓			
18		156,900	161,500		✓	✓	✓
	78	156,925	161,525		✓	✓	✓
19		156,950	161,550		✓	✓	✓
	79	157,975	161,575		✓	✓	✓
20		157,000	161,600		✓	✓	✓
	80	157,025	161,625		✓	✓	✓
21		157,050	161,650		✓	✓	✓
	81	157,075	161,675		✓	✓	✓
22		157,100	161,700		✓	✓	✓
	82	157,125	161,725		✓	✓	✓
23		157,150	161,750		✓	✓	✓
	83	157,175	161,775		✓	✓	✓
24		157,200	161,800		✓	✓	✓
	84	157,225	161,825		✓	✓	✓
25		157,250	161,850		✓	✓	✓
	85	157,275	161,875		✓	✓	✓
26		157,300	161,900		✓	✓	✓
	86	157,325	161,925		✓	✓	✓
27		157,350	161,950			✓	✓
	87	157,375	157,375		✓		
28		157,400	162,000			✓	✓
	88	157,425	157,425		✓		

Simplex, Duplex, Semi-Duplex

Simplex

Einzelfrequenz-Kanäle oder Simplexkanäle verwenden dieselbe Frequenz zum Senden und Empfangen. Beispielsweise nutzt der Kanal 72, ein Schiff-Schiff-Kanal, die Frequenz 156,625 MHz. Wenn die Sprechtaste gedrückt wird, dann sendet die Funkanlage auf der Frequenz, und es kann gesprochen werden. Ein Empfang ist während des Sendens nicht möglich. Wenn die Taste losgelassen wird, schaltet die Anlage von Senden auf Empfang um, und dieselbe Frequenz wird nun abgehört. Man nennt das abwechselnde Sprechen von zwei Funkstellen auch Wechselsprechen. Eine am Gespräch unbeteiligte Funkstelle kann beide Seiten der Konversation mithören.

Duplex

Zweifrequenz-Kanäle oder Duplexkanäle nutzen zwei Frequenzen, eine zum Senden und die andere zum Empfangen, wie beispielsweise Kanal 22, ein Hafen-, Revier- und Schiffslenkungsfunkkanal. Eine Seefunkstelle sendet (Tx = Transmitter) auf 157,100 MHz und empfängt (Rx = Receiver) auf 161,700 MHz. Eine Küstenfunkstelle empfängt auf 157,100 MHz und sendet auf 161,700 MHz. Der Vorteil des Duplexfunk ist das gleichzeitige Senden und Empfangen. Gegensprechen wie bei einem normalen Telefongespräch ist möglich.
Die technischen Anforderungen sind eine duplexfähige Funkanlage und zwei Antennen (oder ein spezieller Duplexfilter). Da die eine Antenne beim Senden in die Empfangsantenne hineinstrahlen (und diese beschädigen) kann, sollten die Antennen möglichst weit voneinander entfernt angebaut sein.

Semi-Duplex

Auf einem kleinen Schiff sind Duplexanlagen nicht praktikabel. Daher sind Sportboote meistens mit einer Simplexanlage ausgestattet und kommunizieren auf einem Duplexkanal im Semi-Duplex-Betrieb. Die Anlage nutzt eine Antenne und schaltet zwischen Sende- und Empfangsfrequenz um, sobald die Sprechtaste gedrückt und wieder losgelassen wird. Auf Kanal 22 beispielsweise ist bei einer Seefunkstelle 157,100 MHz die Sende- und 161,700 MHz die Empfangsfrequenz. Bei der Küstenfunkstelle ist es genau andersherum, sie empfängt auf 157,100 MHz und sendet auf 161,700 MHz. Ein weiteres Schiff mit einer Simplexanlage kann die Aussendung anderer Seefunkstellen auf Kanal 22 nicht empfangen (da diese in unserem Beispiel auf 157,100 MHz senden, die Anlage aber auf 161,700 MHz empfangsbereit ist).

Sie werden auf einem Duplexkanal niemals die Anfrage anderer Schiffe an eine Küstenfunkstelle hören, sondern immer nur die Antwort derselben.

Zusammenfassung

SRC: 72-76, 79, 103, 106, 109-111, 132, 152, 155
UBI: 84-87

Im UKW-Seefunk erstreckt sich der Kanalbereich von **1 bis 28 und 60 bis 88.** **Kanal 16** sollte nicht nur für den Notfall auf See immer **empfangsbereit** sein. Daneben ist **Kanal 06** für **Such- und Rettungseinsätze** vorgesehen. Er kann aber auch (wie **Kanal 08, 72 und 77**) für den Schiff-Schiff-Verkehr benutzt werden. **Kanal 70** ist für den **digitalen Selektivruf** vorgesehen. Dieser Kanal muss immer empfangsbereit sein. Die **Kanäle 75 und 76** sind für den **Funkverkehr**, der **ausschließlich die Navigation** betrifft, vorgesehen. **Sportboote kommunizieren** in deutschen Hoheitsgewässern untereinander **auf Kanal 69 und 72**.
Die Betriebsart **Duplex, Gegensprechen auf zwei Frequenzen** ist wie telefonieren. **Simplex** bedeutet **Wechselsprechen auf einer Frequenz**. Kann man nur **Wechselsprechen auf zwei Frequenzen** auf einem Duplexkanal, nennt man die Betriebsart **Semi-Duplex**.

Batterien

Der Begriff Batterie schließt sowohl die nicht aufladbaren Primärzellen als auch die aufladbaren Batterien (auch Sekundärzellen genannt) ein.
Primärzellen, nicht aufladbare Batterien finden wir in EPIRBs oder SARTs wieder. Hier werden üblicherweise Lithiumbatterien verwendet. Nach fünf Jahren müssen diese Batterien ersetzt werden.
An Bord (oder auch in Handsprechfunkgeräten) befinden sich meistens aufladbare Batterien. Die Bordbatterien haben in der Regel eine elektrische Spannung von 12 Volt. Auf Sportbooten findet man üblicherweise zwei getrennte Stromkreisläufe (Starterbatterie für den Motor, Verbraucherbatterie für alles andere). Auf ausrüstungspflichtigen Schiffen muss es mindestens noch einen weiteren Kreislauf (Notbatterien) geben, der die für die Navigation notwendige Elektronik, die Funkanlage und die Navigationslichter versorgt.
Wer die Batterie gut pflegt, erreicht eine längere Lebensdauer der Batterie und eine zuverlässige Funktion (vor allem im Notfall). Dies übernehmen heutzutage »intelligente« Ladegeräte. Die Bedeutung der Werte am Spannungsmessgerät (Voltmeter) ist hier dargestellt.

	12-Volt-Batterie	**24-Volt-Batterie**
Entladen	unter 11 Volt	unter 22 Volt
Halb geladen	12 Volt	24 Volt
Voll geladen	über 13 Volt	über 26 Volt

Sobald ein Verbraucher (Lampe, Kühlschrank, Funkgerät) eingeschaltet ist, fließt elektrischer Strom (Maßeinheit Ampere (A)). Der Stromverbrauch eines Funkgerätes liegt - je nach Modell - bei 0,3 A bis 1 A im Stand-by-Modus und 4 A bis 8 A im Sendemodus.

Die Kapazität einer Batterie wird in Amperestunden (Ah) angegeben. Hat eine Batterie eine Kapazität von 60 Ah und die Funkanlage einen Verbrauch von 0,5 Ah/h im Empfangsmodus, kann diese theoretisch 120 Stunden eingeschaltet bleiben: 60 Ah : 0,5 Ah/h = 120 Stunden.

Dies ist nur ein theoretischer Wert, denn je nach Batterietyp hat diese einen Lade-Wirkungsgrad von 70 bis 90 % und eine Entladetiefe von 10 bis 40 %. Das heißt, von einer 60-Ah-Batterie stehen mir in der Praxis nur 48 Ah bis 18 Ah (unter schlechtesten Umständen und bei alter Batterie) zur Verfügung. Damit verkürzt sich die Zeit beim obigen Rechenbeispiel auf 96 bis 36 Stunden.

Zusammenfassung

SRC: 47-50

UBI: 48

Das Bordnetz eines Sportbootes hat üblicherweise **12 Volt Gleichspannung (=)**. Die Stromstärke wird in **Ampere (A)** angegeben. Eine Funkanlage hat im **Stand-by-Betrieb** eine Stromaufnahme von **0,3 A bis maximal 1 A**. Im **Sendebetrieb** benötigt eine Funkanlage zwischen **4 A und 8 A**.

Das **Voltmeter** (Spannungsmessgerät) gibt den **Ladezustand**, ein **Amperemeter** (Strommessgerät) zeigt den **Stromfluss** an.

Praxis

Sprache

Die im internationalen Seefunk verwendete Sprache ist Englisch. In küstennahen Gewässern kann auch die jeweilige Landessprache verwendet werden. Für den Seefunk sind bestimmte Betriebsverfahren (d. h. Gesprächsabläufe), international einheitliche Redewendungen und verfahrenstechnische Wörter festgelegt. Dieses ermöglicht eine klare Verständigung bei einer technisch schlechten Verbindung, unklarer Aussprache und unter extremen Bedingungen.
Die zu verwendenden Betriebsverfahren stammen aus den Radio Regulations (RR). Für die klare Kommunikation auf See hat die IMO Standardredewendungen (Standard Marine Communication Phrases – SMCP) entwickelt.

Buchstabieralphabet

Buchstabe	Schlüsselwort	Aussprache/Betonung
A	Alfa	**AL** FAH
B	Bravo	**BRA** WO
C	Charlie	**TSCHAH** LI
D	Delta	**DEL** TAH
E	Echo	**ECK** O
F	Foxtrot	**FOX** TROTT
G	Golf	GOLF
H	Hotel	HO **TELL**
I	India	**IN** DI AH
J	Juliett	**JUH** LI **ETT**
K	Kilo	**KI** LO
L	Lima	**LI** MAH
M	Mike	MEIK
N	November	NO **WEMM** BER
O	Oscar	**OSS** KAR
P	Papa	**PA** PAH
Q	Quebec	**KI** BECK
R	Romeo	**RO** MIO
S	Sierra	SSI **ER** RAH
T	Tango	**TANG** GO
U	Uniform	**JU** NI FORM
V	Victor	**WICK** TOR
W	Whiskey	**WISS** KI
X	X-ray	**EX** REH
Y	Yankee	**JENG** KI
Z	Zulu	**SUH** LUH

www: buchstabieralphabet

Buchstabiert werden Wörter, über deren Schreibweise Zweifel bestehen. Dieses können geografische Namen, Schiffsnamen oder auch Tonnenbeschriftungen sein. Das zu buchstabierende Wort ist erst zusammenhängend und dann nach der Buchstabiertafel zu übermitteln. Die Buchstabierung wird – ausgenommen bei Rufzeichen – mit »ich buchstabiere/I spell« eingeleitet.
Umlaute Ä, Ö und Ü werden als AE, OE und UE buchstabiert.

Formulierungen

Ziffern werden im alltäglichen Gebrauch (und auch in der Prüfung) in allgemeinem Englisch gesprochen. In den IMO-Standardredewendungen wird empfohlen, die Ziffern 3, 4 und 9 zur besseren Verständigung »tree«, »fower« und »niner« zu sprechen.
Die Verwendung der Ziffernaussprache nach dem Internationalen Signalbuch (INTERCO) (unaone, bissotwo, terrathree, ...) wird nur noch selten in der Praxis (und überhaupt nicht in der Prüfung) verwendet.

Zahlen wie Positionen, Peilungen, Kurs oder Geschwindigkeiten sollten zum besseren Verständnis Ziffer für Ziffer gesprochen werden. Beispiel: Die Position 54° 13,2'N 008° 26,9'E wird gesprochen: »Five fower degrees one tree decimal two minutes north zero zero eight degrees two six decimal niner minutes east.«
Eine Wiederholung wichtiger Ziffern sollte erfolgen. Denken Sie in Ihrem Alltag an ein Telefongespräch, in dem eine Nummer (Konto-, Telefonnummer) durchgegeben wird. Diese wird üblicherweise wiederholt.

Geografische Koordinaten werden in der Reihenfolge Breitengrade – Längengrade angegeben. Es wird sowohl die klassische »54° 34,5'N 011° 08,2'E« als auch die computerfreundliche Notation »54-34.5N 011-08.2E« verwendet.

Peilung und Abstand werden von einem in der Karte verzeichneten Objekt zum Schiff/Havaristen angegeben. Die Peilung bezieht sich – wenn nicht anders angegeben – auf rechtweisend Nord. Sie wird als dreistellige Zahl übermittelt. Der Abstand wird in Seemeilen angegeben.

Rufzeichen werden grundsätzlich buchstabiert. Die ggf. zugehörigen Zahlen werden dann Ziffer für Ziffer in der Sprache gesprochen, in der man den Funkspruch abgibt. Beispielsweise wird dann aus »... hier ist CAROLA/DA1234 ...« »... hier ist CAROLA, DELTA ALPHA EINS ZWEI DREI VIER...«. Das Wort »Rufzeichen« kann zwischen Schiffsnamen und dem Rufzeichen gesprochen werden.

Datum und Uhrzeit können als Tag-Zeit-Gruppe angegeben werden. Der 06. September um 16:40 Uhr UTC ist somit »061640 UTC SEP« (DDHHMM).

Verfahrenswörter

Say again (before/after)
Bitte um Wiederholung (vor/nach). Beispiel: »Say again, all after position ...«

I repeat/Ich wiederhole
Beispiel: »... I repeat: fire in engine room«

I spell/Ich buchstabiere
Eigennamen und geografische Namen in einer Meldung sollten buchstabiert werden. Beispiel: »... light bouy Elbe, I spell: echo, lima, bravo, echo ...«

New word/Neues Wort
Kündigt beim Buchstabieren ein neues Wort oder einen Trennstrich an. Beispiel: »... Roter Sand, I spell: romeo, oscar, tango, echo, romeo, new word, sierra, alfa, november, delta ...«

Over/Bitte kommen
Übergabe (overtake) des Gesprächs während der Kommunikation.

Out/Ende
Gesprächsende.

Correction
Verbesserung des eben Gesagten während einer Aussendung. Beispiel: »... one five miles, correction one six miles ...«

This is/Hier ist
Identifikation der Seefunkstelle. Beispiel: »Bremerhaven Traffic, this is Fortuna ...«. Im deutschen Funkverkehr »Hier ist«.

In deutschen Küstengewässern ist »Hier ist« durchaus gebräuchlich. Die oft gehörten Identifikationszeichen an Nord- und Ostsee wie »für« und »von« sollten nicht verwendet werden und sind in der Prüfung falsch!

Niemals sollte »over and out« ein Gespräch beenden. Diese Formulierung gibt es nur im Film. Wir würden im Deutschen ja auch nicht »Bitte kommen und Ende« sagen (»Du darfst jetzt sprechen, aber ich lege schon mal auf«).

Funkdisziplin

Um einen reibungslosen Ablauf zu gewährleisten, ist es wichtig, einige Regeln bei der Aussendung zu beherzigen. Dies dient in erster Linie der Sicherheit der Schifffahrt und erleichtert letztendlich die Kommunikation aller. Folgende Grundregeln sind daher zu beachten:

▶ Gespräch vorplanen
Es ist hilfreich, sich Gedanken über das folgende Gespräch und das entsprechende Betriebsverfahren zu machen. Es sollte keine Aussendung ohne ein Bedürfnis erfolgen.

▶ Erst hören, dann sprechen

Um sicherzugehen, dass keine laufende Aussendung gestört wird, muss erst in den Kanal reingehört werden, der verwendet werden soll.

▶ Keine Aussendung ohne eigene Kennung

Nicht nur bei der Kontaktaufnahme ist die Identifizierung wichtig, sondern auch im laufenden Gespräch soll stets der Schiffsname oder das Rufzeichen genannt werden.

▶ Rangfolge des Verkehrs

Funkverkehr, welcher die Sicherheit des menschlichen Lebens auf See betrifft, ist vorrangig zu behandeln. Die folgende Rangfolge muss daher eingehalten werden:

Not (Distress)
Dringlichkeit (Urgency)
Sicherheit (Safety)
Routine (Routine)

▶ Sprachgeschwindigkeiten

Die durchschnittliche Lesegeschwindigkeit beträgt 250 Wörter pro Minute, die Sprechgeschwindigkeit ca. 90 Wörter pro Minute. Die Schreibgeschwindigkeit beträgt durchschnittlich nur 20 Wörter pro Minute. Um dem Zuhörer die Möglichkeit zu bieten, Notizen zu machen, sollte bei der Abgabe einer Meldung daher immer langsam und deutlich gesprochen und keine Silbe verschluckt werden.

▶ Vernünftiger Umgang mit Ressourcen

Eine Aussendung sollte so umfangreich wie nötig, aber so kurz wie möglich sein. Das heißt, den Anruf kurzfassen, für den Funkverkehr den Kanal wechseln und falls möglich den Anruf per DSC statt per Sprechfunk durchführen.

▶ Wenn keine Verbindung zustande kommt

Wenn sich nach einem Routineanruf der Gesprächspartner nicht meldet, sollten zunächst die Einstellungen am Gerät überprüft werden (Sendeleistung, Anrufkanal etc.).
Erst nach einer Pause von zwei Minuten (wenn es sich nicht gerade um eine Kollisionsabwehr handelt) sollte der Ruf wiederholt werden. Danach sollte eine Pause von 15 Minuten erfolgen.

Wahl des Schiffsnamens

Bei der Wahl eines geeigneten Schiffsnamens sollte man sich Gedanken über die Verständlichkeit und Leichtigkeit der Aussprache machen. »Dwarslöper« (Krebs im Watt) mag an der norddeutschen Küste noch verstanden werden, bei »Mirsanaahdo« (Wir sind auch da) wird es da schon schwieriger, und im Mittelmeerraum ist das Verständnis beider Namen vermutlich gar nicht mehr gegeben. Aber auch verwechselbare oder doppeldeutige Schiffsnamen haben ihre Tücken im Sprechfunk. »My Day«, »Nichts los« oder »Das Boot« sind eher ungeeignet (man stelle sich die mal im Notverkehr vor). Schwierig sind auch Namen, die anders gesprochen als geschrieben werden: »4-Ever« oder »1ST ONE«.

Der Name sollte auch so gewählt werden, dass das Buchstabieren noch möglich ist. So sollen sich vor allem die Amerikaner am Panamakanal einen Spaß daraus gemacht haben, ein Schiff aus der damaligen Deutschen Demokratischen Republik zum Buchstabieren des Schiffsnamens aufzufordern. Der vollständige Schiffsname lautete: »Fliegerkosmonaut der DDR Sigmund Jähn«.

Anrufverfahren

Handelt es sich nicht um Not-, Dringlichkeits- oder Sicherheitsverkehr, spricht man von einem Routinegespräch. Gemäß der Rangfolge des Verkehrs dürfen diese Nachrichten nur ausgesendet werden, wenn kein Verkehr der ersten drei Rangstufen gestört wird.

Anrufkanäle

Kanal 70

Der Kanal 70 ist ausschließlich für die digitale Kommunikation per DSC vorgesehen. Er wird zur Alarmierung im Not-, Dringlichkeits- und Sicherheitsfall verwendet, aber auch bei Routinealarmen: Wenn die MMSI des Gesprächspartners bekannt ist, eignet er sich zum Verbindungsaufbau zu einer Seefunkstelle oder zu einer Küstenfunkstelle.
Die Funkanlage wählt Kanal 70 automatisch aus, wenn per DSC-Controller eine Nachricht ausgesendet wird. Eine manuelle Einstellung des Kanals 70 ist nicht möglich.

Kanal 16

Es gab immer wieder Bestrebungen, den Kanal 16 als Not- und Anrufkanal abzuschaffen. Da aber immer noch viele Schiffe nicht über DSC verfügen, hat der Kanal 16 bis auf Weiteres diese Doppelfunktion:

1. Not- und Dringlichkeitsverkehr sowie Ankündigungen von Sicherheitsmeldungen. Auf Kanal 16 findet der Sprechfunkverkehr im Not- und Dringlichkeitsfall statt. Sicherheitsmeldungen werden üblicherweise auf Kanal 16 angekündigt und auf einem Arbeitskanal ausgestrahlt.
2. Anrufkanal. Für Stationen ohne DSC oder solche, denen die MMSI des anderen Fahrzeugs nicht bekannt ist, wird Kanal 16 als Anrufkanal verwendet, da dieser von jeder Funkstelle abgehört werden soll. Nach erfolgreicher Kontaktaufnahme wird ein Wechsel auf einen Arbeitskanal eingeleitet.

Der entscheidende Unterschied zwischen Kanal 70 und Kanal 16 ist, dass die digitale Übermittlung auf Kanal 70 unverzüglich funktioniert und dass bei einem Anruf an eine See- oder Küstenfunkstelle keine andere Station davon gestört wird.

Dem Sprachanruf ist eine Kontaktaufnahme per DSC-Controller vorzuziehen, wenn die MMSI des Gesprächspartners bekannt ist.

Anrufverfahren per Sprechfunk

Der Anruf kann an eine Seefunkstelle, an eine Küstenfunkstelle oder »An alle Funkstellen/all stations« erfolgen. Unter bestimmten Umständen kann ein Anruf auch an eine Gruppe von Schiffen erfolgen.
Im Anruf wird darauf verzichtet, den eigenen oder gerufenen Namen der Station zu buchstabieren. Das Rufzeichen wird hingegen immer nach dem internationalen Buchstabieralphabet benannt.

Erstanruf - Nicht ständig besetzte Stationen

Beim Erstanruf soll höchstens drei Mal die gerufene Funkstelle (Adressat) plus Rufzeichen, gefolgt von »hier ist« (oder »this is«) und höchstens drei Mal die rufende Funkstelle (Absender) genannt werden. Im weiteren Verlauf nennt man kurz den Grund des Anrufes (Betreff) gefolgt von den Wörtern »bitte kommen« (oder »over«).

Anruf von Schiff zu Schiff

Diese Prozedur soll so kurz wie möglich gehalten werden.

Dieser Anruf erfolgt üblicherweise an Stationen, bei denen die Funkanlage nicht ständig besetzt ist, wie bei Seefunkstellen. Es wird hier auch von einer »schlechten Verständigung« gesprochen.

Schema	Beispiel
NAME 3x / RUFZEICHEN 1x [1] HIER IST NAME 3x / RUFZEICHEN 1x ... (Betreff) BITTE KOMMEN	Merlin, Merlin, Merlin / DA9988 Hier ist Pegasus, Pegasus, Pegasus / DB6578 ... (Betreff) Bitte kommen

[1] Das Rufzeichen der gerufenen Funkstelle wird genannt, wenn es bekannt ist.

Erstanruf – Ständig besetzte Stationen
Geht man davon aus, dass die Gesprächsbedingungen gut sind, d. h. der Empfänger am Funkgerät sitzt und keine Störungen erwartet werden, wird der verkürzte Anruf gewählt: ein Mal die gerufene Funkstelle und zwei Mal die rufende Funkstelle.

Dieser Anruf erfolgt an Stationen, die ständig besetzt sind und ggf. über einen eigenen Arbeitskanal verfügen, wie Brücken, Schleusen, Häfen, Revierzentralen und Küstenfunkstellen.

Schema	Beispiel
NAME 1x / RUFZEICHEN 1x [1] HIER IST NAME 2x / RUFZEICHEN 1x ... (Betreff) BITTE KOMMEN	Jade Traffic Hier ist Pegasus, Pegasus / DB6578 ... (Betreff) Bitte kommen

[1] Das Rufzeichen der gerufenen Funkstelle wird genannt, wenn es bekannt ist. Bei Küstenfunkstellen entfällt die Nennung des Rufzeichens.

Anrufverfahren per DSC

Per DSC gibt es grundsätzlich drei verschiedene Alarmierungsverfahren:

1. Alarmierung einer (oder einiger) Funkstellen.
   Hierbei handelt es sich um den sogenannten »Individual Call« (oder »Group Call«), bei dem die Empfänger-MMSI bekannt sein muss ❶. Vor der Aussendung kann die Priorität des Rufes (Routine, Urgency, Safety) ausgewählt werden. Bei der Vorbereitung des Rufes wird ein Arbeitskanal vorgeschlagen ❷, auf dem das Gespräch abgewickelt werden soll. Handelt es sich bei dem Gerufenen um eine Küstenfunkstelle, dann kann der Arbeitskanal nicht vorgegeben werden. Die Küstenfunkstelle gibt den Kanal vor. Der Anruf wird über SEND (oder eine ähnliche Taste) ausgesendet ❸.

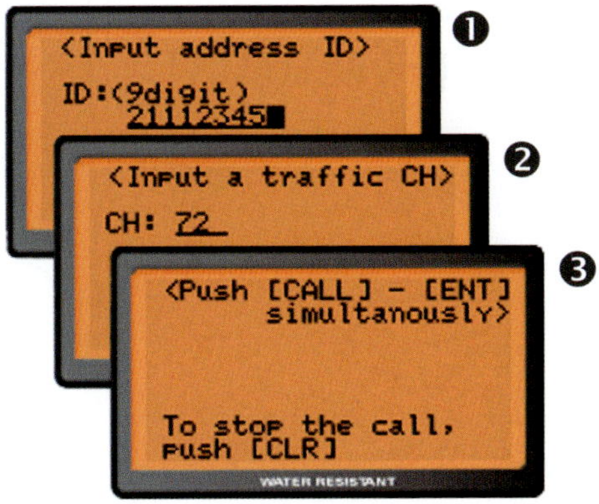

2. Alarmierung aller Funkstellen. Der »All Stations Call« wird an alle Stationen in Reichweite ausgesendet. Vor der Aussendung kann die Priorität des Rufes (Distress, Urgency, Safety, Routine) ausgewählt werden. Bei der Vorbereitung des Rufes wird ein Arbeitskanal vorgeschlagen. Die Alarmierung wird über SEND (oder eine ähnliche Taste) ausgesendet.

3. Notalarmierung.
   Bei der Notalarmierung hat man die Möglichkeit sowohl einer sofortigen Aussendung als auch einer vorherigen Bearbeitung der auszusendenden Daten, wie der Art des Notfalls sowie Position und Zeit, wenn kein GPS-Ortungssystem angeschlossen ist. Der Arbeitskanal kann nicht eingestellt werden, da dies immer Kanal 16 ist. Eine Notalarmierung wird als einzige immer über die separate Taste DISTRESS oder SOS (je nach Gerät) ausgesendet.

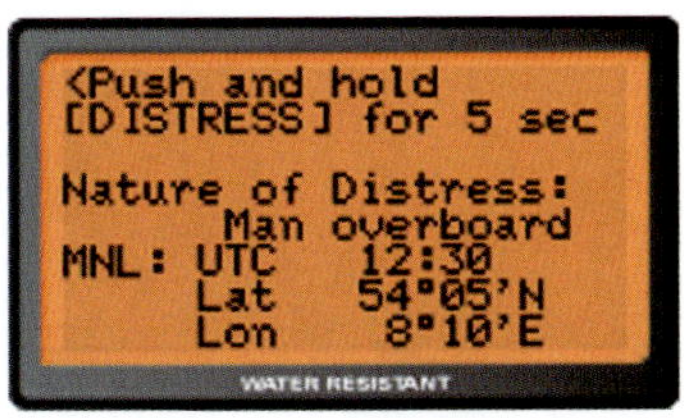

Anruf von Schiff zu Schiff

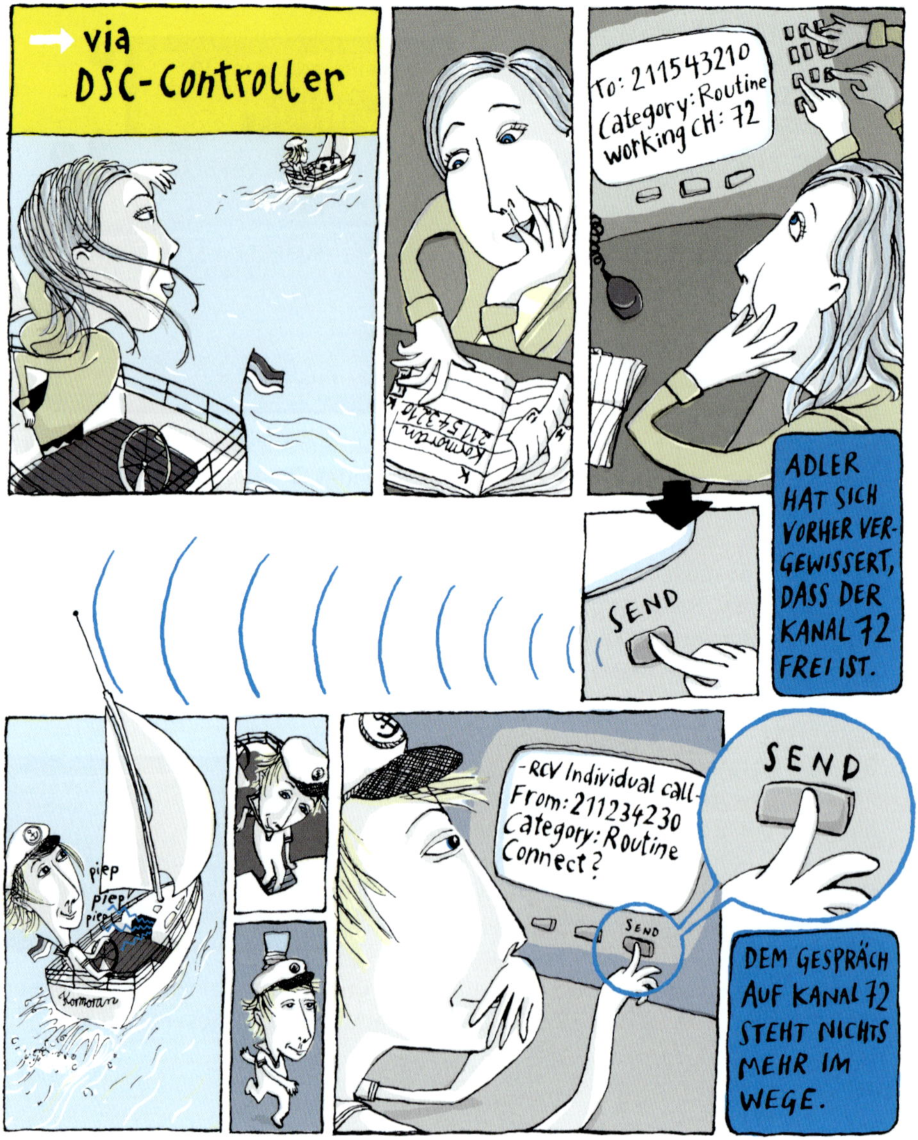

Die ersten beiden Aussendungen unterscheiden sich von der Notalarmierung dadurch, dass der Empfänger nur die MMSI des Absenders, den Arbeitskanal und die Priorität des Rufes empfängt. Bei der Notalarmierung (Aussendung über DISTRESS oder SOS) werden zusätzlich die Position und Zeit sowie die Art des Notfalls ausgesendet.
Das laufende Gespräch auf einem Arbeitskanal ist im Folgenden beschrieben.

Laufendes Gespräch

Wenn die Verbindung hergestellt ist und der Gesprächspartner am Funkgerät sitzt, dann folgt das laufende Gespräch. Die gerufene und die rufende Funkstelle werden jeweils nur ein Mal genannt. Auf die Nennung des Rufzeichens wird verzichtet.

Schema	Beispiel
NAME 1x HIER IST NAME 1x ... (Anliegen) BITTE KOMMEN	Pegasus Hier ist Merlin ... (Anliegen) Bitte kommen

Ein Funkkanal sollte nur so kurz wie nötig blockiert werden. Die Funkanlage auf Sportbooten ist so angebracht, dass man in der Regel seinen Gesprächspartner erst ans Funkgerät »rufen« muss. Um den Ruf nicht unnötig oft zu wiederholen, empfiehlt es sich, hier den normalen Anruf (drei Mal - drei Mal) zu wählen. Beispiel: »Forelle, Forelle, Forelle - hier ist - Heilbutt, Heilbutt, Heilbutt / DA6578 ...«

Hörbereitschaft

Eine UKW-Seefunkanlage hat in der Regel zwei eingebaute Empfänger. Der eine überwacht kontinuierlich Kanal 70, während der andere auf einen beliebigen Sprechfunkkanal eingestellt werden kann. Da aber bei Sportbooten üblicherweise nur eine Antenne angeschlossen ist, kann während des Sendens der Kanal 70 nicht überwacht werden.
Durch die Möglichkeit der Zweikanalüberwachung (Dual-Watch) kann der Kanal 16 und ein zusätzlicher Arbeitskanal abgehört werden. In Gebieten, in denen Verkehrssicherungssysteme etabliert sind, gibt es eine Pflicht zur Hörbereitschaft auf dem entsprechenden Arbeitskanal der Verkehrszentrale. Wenn möglich, sollte zusätzlich Kanal 16 abgehört werden.
Außerhalb der Verkehrssicherungssysteme empfiehlt es sich, zusätzlich zu Kanal 16 den Schiff-Schiff-Kanal 13 abzuhören.
Ist ein NAVTEX-Empfänger an Bord, muss dieser ebenfalls eingeschaltet sein.

laufendes Gespräch
72
WATT
SQL
DAS GESPRÄCH WIRD FORTGESETZT, DAHER WIRD DAS GESPRÄCHSVERFAHREN IM LAUFENDEN GESPRÄCH GEWÄHLT.
SOLLTE DER KANAL 72 BESETZT SEIN, SCHALTEN BEIDE ZURÜCK AUF KANAL 16.
Kormoran, hier ist Adler. Kannst du mich verstehen? Bitte kommen.
Adler, hier ist Kormoran. Ich kann dich gut verstehen. Bitte kommen.
PRIVATES ANLIEGEN KANN JETZT KOMMUNIZIERT WERDEN. WICHTIG IST, DASS MAN SICH WEITERHIN KURZ FASST.
Kormoran, hier ist Adler. Wir sind heute abend in Laboe. Wollen wir uns in der „Fischküche" treffen? Bitte kommen.
Adler, hier ist Kormoran. Das klingt gut. Was haltet Ihr von 19.00 Uhr? Bitte kommen.

Kormoran, hier ist Adler. 19.00 Uhr klingt gut. Dann bis später. Ende.
DAS GESPRÄCH IST BEENDET, UND ADLER ERWARTET KEINE ANTWORT MEHR. DAHER WIRD DAS GESPRÄCH MIT »ENDE« (ENGLISCH: »OUT«) BEENDET.
UM DIE PROZEDUR MÖGLICHST KURZ ZU HALTEN, MUSS DAS GESPRÄCHSENDE NICHT BESTÄTIGT WERDEN.
BEIDE SEEFUNKSTELLEN SCHALTEN JETZT ZURÜCK AUF KANAL 16.
25 WATT
16

Unverständlicher Anruf

Im Falle eines unverständlichen Anrufes kann Ungewissheit darüber herrschen, ob der Anruf wirklich an die eigene Funkstelle adressiert war. In diesem Fall wird auf den Anruf nicht geantwortet, sondern abgewartet, dass der Absender den Anruf wiederholt.

Ist hingegen klar, dass der Anruf an die eigene Funkstelle adressiert war, aber die Kennung des Absenders unverständlich ist, dann ist folgendermaßen zu verfahren:

Wiederholung des Anrufes

Nach erfolgtem Anruf muss mindestens zwei Minuten abgewartet werden, bevor der Ruf (auf dem gleichen Kanal) wiederholt wird. Erfolgt erneut keine Antwort, ist davon auszugehen, dass die Funkstelle nicht empfangsbereit ist. Vor einem erneuten Ruf soll 15 Minuten gewartet werden.

Testaussendungen

Testaussendungen sind sinnvoll, um das einwandfreie, sichere Funktionieren der Funkanlagen zu testen. Dies ist vor allem im Frühjahr interessant, wenn die Anlage im Winterlager ausgebaut war. Um aber den Funkverkehr nicht zu belasten, sollten solche Aussendungen auf das Nötigste reduziert werden. Die Dauer einer Aussendung darf zehn Sekunden nicht überschreiten, und das Wort »Test« oder »radio check« muss in der Aussendung deutlich hörbar sein. Sie ist mit Schiffsname und Rufzeichen zu kennzeichnen. Versuchssendungen auf den Notfrequenzen müssen unbedingt vermieden werden.
Ein Test kann mit dem eigenen Handsprechfunkgerät oder mit der Funkanlage des Stegnachbarn über einen Arbeitskanal erfolgen. Der Test des DSC-Controllers dient gleichzeitig auch wieder der Übung des Umgangs mit der Anlage. Ein DSC-Test darf auf keinen Fall als Distress ausgesendet werden.
Werden Probleme beim Senden oder Empfangen festgestellt, sollte sofort eine Fehlersuche erfolgen, da das weitere Betreiben die Anlage beschädigen kann (s. Seite 34).

Schiff-Schiff

Für die Schiff-Schiff-Kommunikation stehen nur die Kanäle 06, 08, 09, 10, 13, 15, 17, 67, 69, 72, 73, 77 zur Verfügung.
Kanäle 09, 13, 15, 17 und 69 können auch für Schleusen-, Hafen- oder Revierfunkdienste vergeben sein. Bevor man diese Kanäle verwendet, muss mithilfe von Dienstbehelfen sichergestellt werden, dass diese Kanäle im Revier nicht an Landfunkstellen vergeben sind.
Nur die Kanäle 06, 08, 72, 77 sind ausschließlich für die Schiff-Schiff-Kommunikation reserviert. In deutschen Gewässern sind die Kanäle 69 und 72 für die sogenannten »Nachrichten sozialer Art« von Sportbooten vorgesehen.

Anruf per Sprechfunk

Der Anruf per Sprechfunk wird meist auf Kanal 16 initiiert. Alternativ kann im Vorfeld mit einem Schiff (beispielsweise in einer Flottille) vereinbart werden, einen Arbeitskanal ständig abzuhören. Ruft man ein Berufsschiff, kann dies möglicherweise auch auf Kanal 13 erfolgen, sofern dieser Kanal abgehört wird.
Die Sendeleistung wird so gewählt, dass der Anruf den gewünschten Erfolg erzielt, aber trotzdem nicht großräumig stört. Schiffe in Sichtweite werden mit 1 Watt angerufen, in anderen Fällen wird die hohe Sendeleistung gewählt.
Für den Erstanruf eines Sportbootes, aber möglicherweise auch eines Berufsschiffes, sollte von einer schlechten Verständigung ausgegangen werden. Die Station ist nicht ständig besetzt - d. h. es steht keine Person unmittelbar neben dem Funkgerät, sondern sie muss erst »herangerufen« werden.
Ist der Anruf auf Kanal 16 erfolgt und wurde dieser bestätigt, dann muss dieser Kanal wieder freigegeben werden. Dies gilt auch dann, wenn man »nur eine kurze Frage« hat. Der Initiator des Gesprächs schlägt einen Arbeitskanal vor.

Anruf per DSC

Es gibt grundsätzlich zwei Möglichkeiten, ein anderes Schiff zu rufen. Die Möglichkeit per DSC ist der per Sprechfunk auf Kanal 16 grundsätzlich vorzuziehen, wenn die MMSI des anderen Fahrzeugs bekannt ist.
Per DSC wird gleich im digitalen Anruf der Arbeitskanal vereinbart. Nach einer digitalen Bestätigung wechselt die Anlage automatisch auf den Arbeitskanal, und das Gespräch kann beginnen.

Funkverkehr an Bord

Kanal 15 und 17 sind für den Funkverkehr an Bord vorgesehen. Diese Kanäle sind auf eine Sendeleistung von 1 Watt reduziert. Bei der Bezeichnung der Funkstellen an Bord eines Berufsschiffes ist die Funkstelle auf der Brücke »Schiffsname Control« und jede weitere Funkstelle »Schiffsname Alfa« (Bravo, Charlie etc.). Beispiel: »Stella Maris Control, hier ist Stella Maris Alfa, bitte kommen.«

Unbekanntes Schiff

Wenn ein Schiff angerufen werden soll, dessen Name nicht zu erkennen ist (und sowohl MMSI und Rufzeichen unbekannt ist), gibt es folgende Möglichkeiten:
Im verkehrsüberwachten Revier kann man sich an die Revierzentrale wenden und den Namen des Schiffes erfragen (vor allem, wenn es sich dabei voraussichtlich um ein anmeldepflichtiges Schiff handelt).

Alternativ kann das Schiff als unbekanntes Schiff angerufen werden. Im Anruf sind möglichst Informationen unterzubringen, mit denen sich die Wachführung auf dem unbekannten Schiff angesprochen fühlt. So sind die Beschreibung der Art des Schiffes (ggf. auch der Rumpffarbe), die Position und der Kurs möglich. Im Anruf sollte auch untergebracht werden, wer ruft (Schiffstyp) und wo sich das Schiff aus der Sicht der Angerufenen befindet.

Unbekanntes Containerschiff, auf Position nördlich der Leuchttonne A1 mit Westkurs,
Unbekanntes Containerschiff, auf Position nördlich der Leuchttonne A1 mit Westkurs,
Unbekanntes Containerschiff, auf Position nördlich der Leuchttonne A1 mit Westkurs,
hier ist
Calypso, Calypso, Calypso / DA3476
die Segelyacht an Ihrer Backbordseite
Können Sie mich hören?
Bitte kommen

Unknown container vessel in position north of light buoy A1 heading west,
unknown container vessel in position north of light buoy A1 heading west,
unknown container vessel in position north of light buoy A1 heading west,
this is
Calypso, Calypso, Calypso / DA3476
the sailing yacht on your port side.
Do you read me?
Over

Schiff-Land

Die geeigneten Kanäle für eine Kommunikation mit einer Landfunkstelle können den Dienstbehelfen (siehe gleichnamiges Kapitel) entnommen werden.

Anruf per Sprechfunk

Beim Anruf einer Landstation ist grundsätzlich davon auszugehen, dass es sich um gute Gesprächsbedingungen handelt. Zum einen wird das Gespräch gleich auf einem Arbeitskanal initiiert, und zum anderen ist davon auszugehen, dass die Station besetzt ist. Als Erstanruf ist daher das Verfahren des verkürzten Anrufes zu wählen.
Die Sendeleistung wird so gewählt, dass der Anruf den gewünschten Erfolg erzielt, aber trotzdem nicht großräumig stört. Brücken, Schleusen oder Häfen, die in Sichtweite sind, sollten zunächst mit einer Sendeleistung von 1 Watt angerufen werden. Trotz der Tatsache, dass der Gesprächspartner gleich das Gespräch annimmt, werden im Erstanruf nicht sämtliche Fakten genannt, sondern nur ein kurzer Betreff.

Anruf per DSC

Landfunkstellen haben nicht immer eine MMSI und sind dann nicht per DSC erreichbar. Bei Küstenfunkstellen ist am ehesten damit zu rechnen, dass sie über DSC verfügen, bei Brücken, Schleusen, Häfen oder Revierzentralen ist das selten der Fall.
Bei einem Anruf per DSC an entsprechend ausgestattete Landfunkstellen kann der Arbeitskanal im DSC-Controller nicht vorgeschlagen werden. Der Arbeitskanal wird grundsätzlich von der Landfunkstelle vorgegeben.

Häfen, Brücken und Schleusen

Der Anruf eines Hafens, einer Brücke oder einer Schleuse dient immer dem gleichen Zweck: Man möchte einen Liegeplatz, durchfahren oder schleusen. Schleusen kann man entweder in eine bestimmte Richtung (zum Beispiel von West nach Ost), ein- oder ausschleusen (wenn es in einen Hafen oder einen Kanal geht) oder zu Berg und zu Tal schleusen (wenn man sich auf einem Fluss befindet).
Das folgende Beispiel beschreibt den Anruf der Schleusenanlage Eider-Sperrwerk auf dem Arbeitskanal 14:

Eider Lock - hier ist - Albatros, Albatros / DE6754
Wir kommen von See. Wann ist die nächste Schleusung?
Bitte kommen

Albatros - hier ist - Eider Lock
Die nächste Schleusung erfolgt um 14.00 Uhr.
Bitte kommen

Eider Lock - hier ist - Albatros
Wir machen an der Südseite der Trennmole fest und warten auf Signal.
Wir bleiben Stand-by auf Kanal 14.
Ende

Revierfunk

Revierzentrale Großer Belt

Auch wenn es üblicherweise für Sportboote keine Meldepflicht bei der zuständigen Revierzentrale gibt, ist dies beim Passieren des Großen Belts (dänisch: Storebælt) zwischen Fünen und Seeland vorgeschrieben für Fahrzeuge mit einer lichten Höhe von mehr als 15 Metern.
Die Anmeldung erfolgt vor der Einfahrt in das Revier oder beim Verlassen der Häfen in diesem Revier. Bei der Kommunikation mit der Revierzentrale werden neben dem Schiffsnamen und dem Rufzeichen möglicherweise auch folgende Daten abgefragt: Position, Ziel und geschätzte Ankunftszeit (destination and estimated time of arrival), Route (intended track), Tiefgang in Meter (draught), Schiffsabmessung und Höhe (length, air draught).
Für eine Gesprächsvorplanung ist es hilfreich, sich die zu übermittelnden Daten vorher aufzuschreiben.

Great Belt VTS - this is - sailing yacht Carola, Carola / DA3456
can you read me?
Over

> Carola - this is - Great Belt VTS
> I can read you. Go ahead.
> Over

Great Belt VTS - this is - Carola
In Position 54-46 N 10-52 E
We are passing the southern line of VTS area and are heading to Kerteminde.
Our length is 14 m, draught ist 1,7 m, air draught 15,5 m.
We intend to pass the western bridge.
Over

> Carola - this is - Great Belt VTS
> How many persons are on board?
> Over

Great Belt VTS - this is - Carola
There are 6 persons on board.
Over

> Carola - this is - Great Belt VTS
> Thank you. Have a good voyage.
> Over

Great Belt VTS - this is - Carola
Thank you. Have a good watch.
Out

can you read / do you read (me)? = Können Sie mich hören / verstehen?
air draught = Höhe (ab Wasseroberfläche)

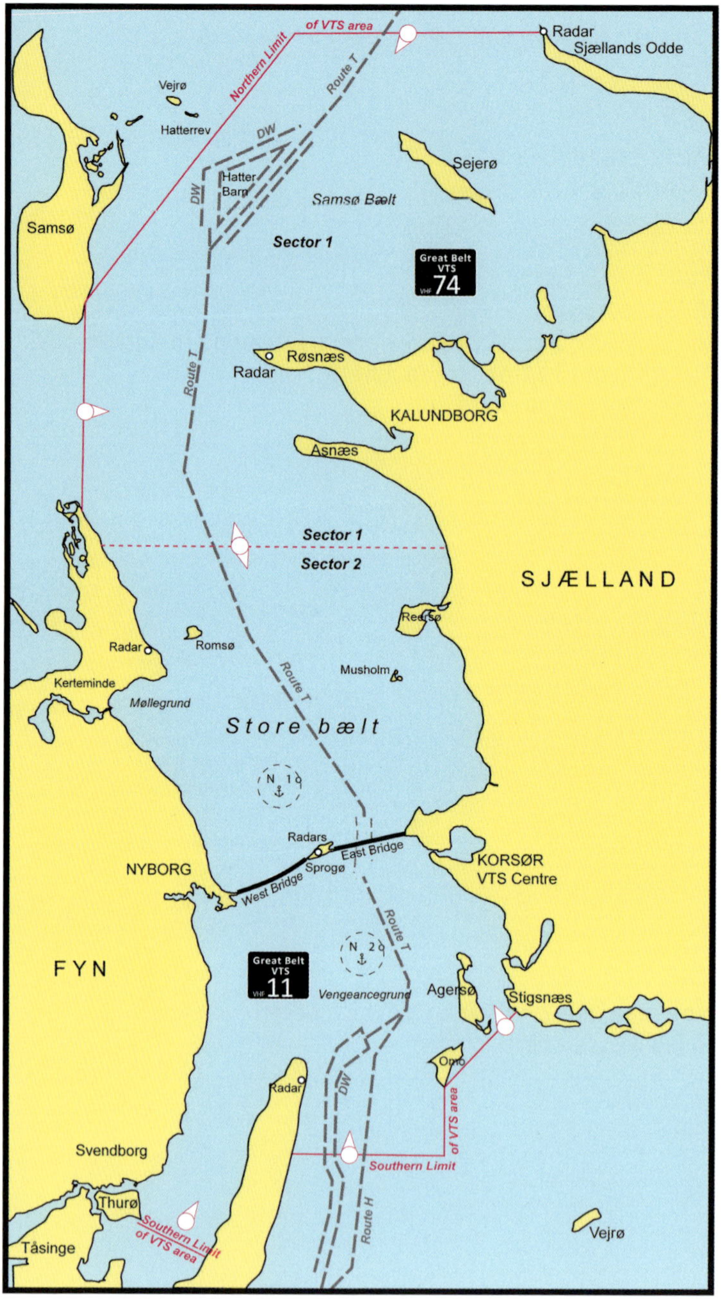

Schiffsverkehrsdienst im Großen Belt

Not /Dringlichkeit /Sicherheit

Die nachfolgend vorgestellten Betriebsverfahren (d.h. standardisierte Abläufe) für den Not-, Dringlichkeits- und Sicherheitsverkehr basieren auf den Beschlüssen, die auf der World Radio Conference Ende 2007 (WRC 07) verabschiedet und im folgenden Jahr in die Radio Regulations aufgenommen wurden. Die Umsetzung in deutsches Recht steht noch aus.

> Die meisten deutschen Prüfungsausschüsse prüfen auch nach dem WRC-07-Verfahren. Bitte erkundigen Sie sich bei Ihrer Ausbildungsstätte oder - wenn Sie sich selbstständig vorbereiten - bei Ihrem Prüfungsausschuss, ob Sie Ihre Prüfung nach WRC 07 ablegen können.

Im Anhang sind die hier beschriebenen Verfahren in einer Übersicht dargestellt. Eine Übersicht der alten Verfahren finden Sie im Internet:

www: betriebsverfahren

Notverkehr

Die Definition eines Notfalls ist in der VO Funk (s. Seite 12) festgelegt:

> Ein Notfall liegt dann vor, wenn nach Ansicht des Schiffsführers eine unmittelbare und schwere Gefahr für Schiff oder Personen gegeben ist und sofortige Hilfe benötigt wird.

Die Entscheidung darüber, ob es sich um einen Notfall handelt, liegt beim Schiffsführer oder, wenn der nicht mehr entscheidungsfähig ist, bei seinem Stellvertreter.

Beispiele

Ein erfahrener Schwimmer geht über Bord, und die Crew beherrscht das MOB-Manöver.

Selbst wenn der Überbordgefallene bei Bewusstsein ist, so kann es doch eine Weile dauern, bis man das Opfer am Schiff und vor allem an Deck hat. Wenn also der geringste Zweifel für ein reibungsloses Manöver besteht, **ist ein Notfall gegeben**. Da jede Minute in so einer Situation zählt, sollte auch sofort ein Notalarm ausgesendet werden.

Nach einer Grundberührung dringt Wasser in das Schiff. Mit den Pumpen kann das Schiff über Wasser gehalten werden. Das provisorische Abdecken der Leckage wird vorbereitet.

Dies ist eine ernst zu nehmende Situation, aber kein Notfall. Die Schiffsführung und die Crew haben die Situation (noch) unter Kontrolle. Obwohl sich die Situation auch verschlimmern kann, ist sie **derzeit kein Notfall**, aber möglicherweise eine Dringlichkeitssituation.

Ein Hund fällt über Bord und droht zu ertrinken.

Der Hund ist in schwerer und unmittelbarer Gefahr. Allerdings ist keine Person oder das Schiff in Gefahr. **Dieses ist kein Notfall**.

Ein Crewmitglied fällt vom Mast und bleibt ohnmächtig liegen.

Das Crewmitglied könnte sich Brüche und innere Verletzungen zugezogen haben, die ein schnelles Handeln erfordern. Wäre ein Arzt oder Sanitäter an Bord, könnte dies diagnostiziert und die tatsächliche Gefahr für den Patienten ermittelt werden. Ohne oder mit geringer Erfahrung in Erster Hilfe muss das Schlimmste angenommen werden. **Die Einschätzung, ob dies ein Notfall ist, hängt von den Umständen und der daraus folgenden Entscheidung des Schiffsführers ab.** Es kann auch erwogen werden, sich zunächst ärztlich beraten zu lassen.

Notalarm, Notanruf und Notmeldung

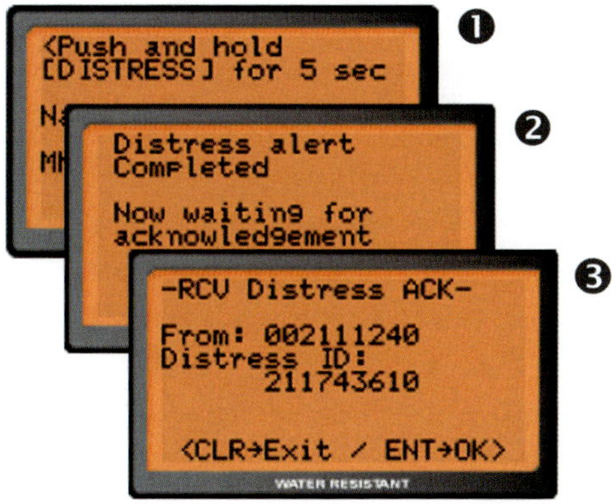

Zunächst wird ein DSC-Notalarm ausgesendet ❶. Dies hat den Vorteil, dass alle Stationen, die mit DSC ausgestattet und in Reichweite sind, alarmiert werden und die Position des Schiffes in Not empfangen können. Ist die Anlage nicht mit DSC ausgerüstet, wird per Sprechfunk auf der Notfrequenz sofort der Notanruf mit der direkt darauffolgenden Notmeldung ausgesendet.

Nach der DSC-Aussendung sollte zunächst die DSC-Empfangsbestätigung (Distress Acknowledgement) ❷ abgewartet werden, sofern die Zeit es zulässt. Diese wird in der Regel von der Küstenfunkstelle (RCC/MRCC) innerhalb kurzer Zeit ausgesendet ❸.

Nach der Notalarmierung per DSC folgen der Notanruf und die Notmeldung. Der Notanruf besteht aus der Nennung des Signalwortes (hier MAYDAY) und der Nennung der eigenen Kennung.

Die Notmeldung beginnt erneut mit der Priorität und der Nennung der eigenen Kennung. Es folgt die Position, der Inhalt der Meldung, die erbetene Hilfeleistung und mögliche weitere Angaben zur Situation.

Kanal 16 - Sendeleistung 25 Watt - langsam und deutlich sprechen!

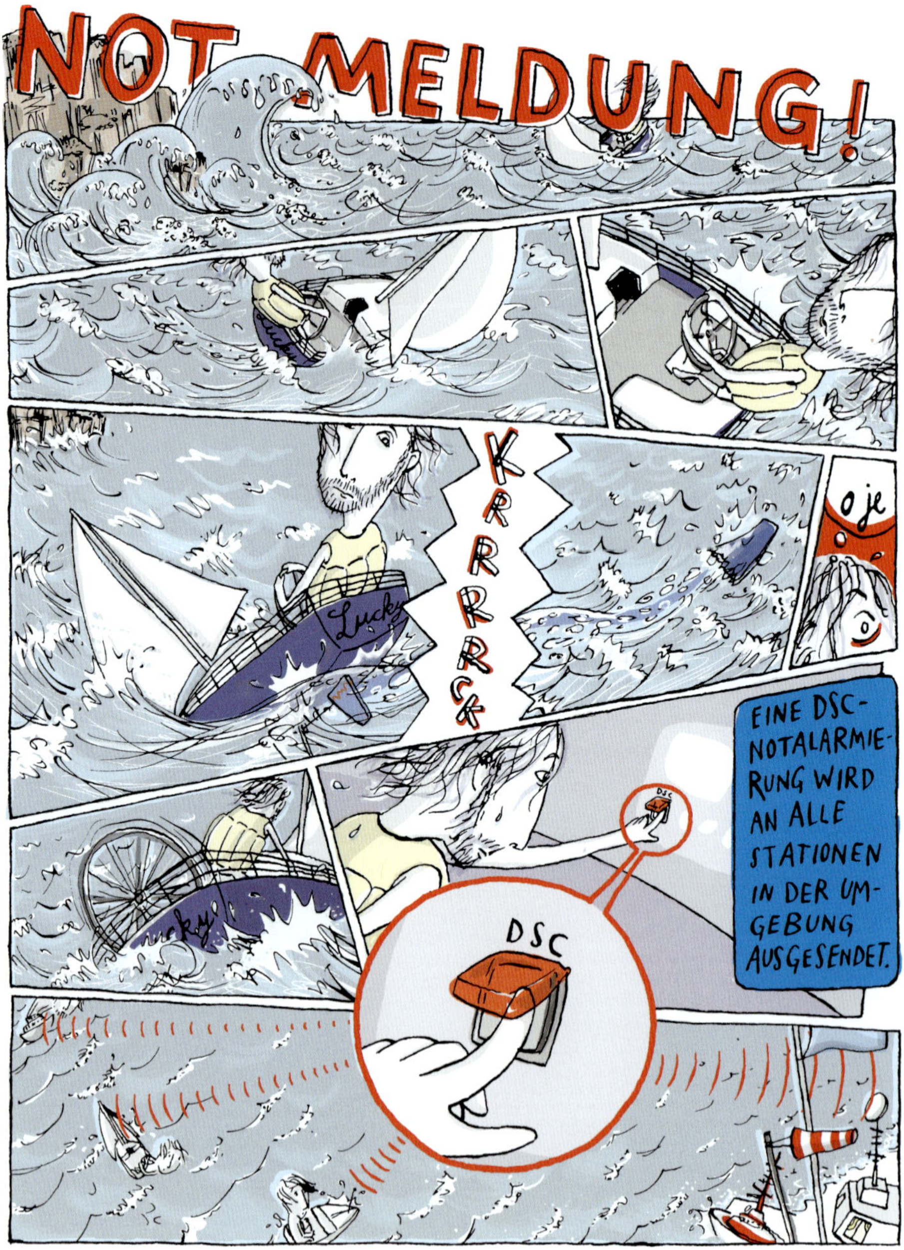
NOT MELDUNG!
KRRRRCK
o je
EINE DSC-NOTALARMIERUNG WIRD AN ALLE STATIONEN IN DER UMGEBUNG AUSGESENDET.
DSC

broken rudder = gebrochenes Ruder, drifting in rough sea = treiben in rauer See, towing assistance = Schlepphilfe, blue hull = blauer Rumpf

ENDE
(gut)

	Schema	Beispiel
Signalwort	MAYDAY 3x	Mayday Mayday Mayday
Adressat	- [1]	-
	HIER IST	This is
Absender	SCHIFFSNAME 3x RUFZEICHEN 1x MMSI 1x [2]	Fortuna Fortuna Fortuna DB 3654 211123456
Signalwort	MAYDAY 1x	Mayday
	- [3]	-
Absender	SCHIFFSNAME 1x RUFZEICHEN 1x MMSI 1x [2]	Fortuna DB 3654 211123456
Position	BREITE/LÄNGE oder RICHTUNG/ABSTAND	In position 53° 05′ N 008° 47′ E, I repeat 53° 05′ N 008° 47′ E
Meldung	ART DES NOTFALLS ART DER BENÖTIGTEN HILFE [4] WEITERE ANGABEN [5]	Fire on board Need assistance in firefighting. 40 feet sailing yacht with green hull 4, I repeat 4 persons on board.
Abschluss	OVER	Over

1 Der Adressat entfällt. Ein Notfall geht immer an alle Stationen.
2 Die MMSI wird nur genannt, wenn ein DSC-Notalarm gesendet wurde.
3 Der Absender wird nicht noch mal mit »hier ist« eingeleitet.
4 Die erbetene Hilfe ist wichtig für die Rettungskräfte. Auch ein helfendes Sportboot muss wissen, ob es beispielsweise zum Schleppen, Pumpen, Feuerlöschen oder Bergen von Personen gerufen wird.
5 Angaben, die wichtig für Suche und Rettung sind, sind beispielsweise die Beschreibung des Schiffes, Anzahl der Personen an Bord, ggf. letzter Kurs und Geschwindigkeit, etc.

Bestätigung eines Notalarms

Die Empfangsbestätigung (Distress Acknowledgement) eines Notalarms, eines Notrufs oder einer Notmeldung wird in der Regel von einer Küstenfunkstelle (per DSC) an alle Stationen gesendet. Seefunkstellen, die einen DSC-Notalarm, einen Notruf oder eine Notmeldung per UKW empfangen haben, sollten den Sprechfunk-Notkanal 16 überwachen und die Notmeldung mitschreiben.

Empfangsbestätigung der Seenotleitung Bremen

Eine Bestätigung seitens einer Seefunkstelle erfolgt außerhalb der Reichweite von Küstenfunkstellen sofort und im Einzugsbereich von Küstenfunkstellen innerhalb von fünf Minuten, wenn diese keine Empfangsbestätigung übermittelt hat. Die Bestätigung erfolgt ausschließlich per Sprechfunk nach dem folgenden Verfahren:

	Schema	Beispiel
Signalwort	MAYDAY	Mayday
Adressat	NAME/RUFZEICHEN oder MMSI	211 743 610
	HIER IST	This is
Absender	SCHIFFSNAME 1x RUFZEICHEN 1x – [1]	Fortuna DB 3654 –
Meldung	RECEIVED MAYDAY	Received Mayday
Abschluss	–	–

[1] Da keine Aussendung per DSC erfolgt, wird die eigene MMSI nicht genannt.

Die Weiterleitung des Notfalls an eine Küstenfunkstelle ist anschließend mit allen verfügbaren Mitteln erforderlich.
Eine Bestätigung eines Notalarms per DSC (sofern dies mit dem DSC-Controller überhaupt möglich ist – eher selten bei Anlagen für die Sportschifffahrt) darf eine Seefunkstelle nur dann aussenden, wenn sie von der Küstenfunkstelle dazu aufgefordert wird oder wenn

- keine Bestätigung einer Küstenfunkstelle ausgesendet wurde,
- keine Kommunikation mit dem Havaristen in Gang ist und
- mehr als fünf Minuten vergangen sind.

Ist man in der Lage, im Notfall zu helfen, und eine Küstenfunkstelle/Seenotleitung hat den Notalarm bestätigt, wendet man sich an die Seenotleitung oder den On-Scene-Coordinator.

Notweiterleitung (Relay)

Ein Schiff, das erfährt, dass sich ein anderes Schiff in Not befindet (beispielsweise mittels Funk oder anhand von Beobachtungen), soll unter den folgenden Umständen einen Notanruf für das Schiff in Not aussenden:

- wenn vom Schiff in Not ein DSC-Notalarm oder ein Notruf empfangen worden ist, der nicht innerhalb von fünf Minuten bestätigt worden ist (siehe vorheriges Kapitel),
- wenn festgestellt wird, dass es dem Schiff in Not nicht möglich ist, den Notverkehr selbst abzuwickeln, und der Schiffsführer entscheidet, dass weitere Hilfe notwendig ist.

Die Weiterleitung soll möglichst an eine Küstenfunkstelle erfolgen. Der Meldungstext beschreibt den Erhalt einer Meldung oder die Beobachtung des Ereignisses, das man für einen Notfall hält.
Eine Not-Weiterleitung per DSC ist nur dann sinnvoll, wenn der DSC-Controller dies auch hergibt (üblicherweise nur bei Geräten der Berufsschifffahrt möglich). Eine Weiterleitung per DSC soll nie an alle Stationen gerichtet werden, sondern als Selektivruf an die nächste Rettungsleitstelle oder Küstenfunkstelle.

In der Praxis wird zunächst im Erstanruf die Kontaktaufnahme (hier Bremen Rescue) empfohlen und erst nach der Antwort der gerufenen Station die folgende Meldung abgesetzt:

	Schema	Beispiel
Signalwort	MAYDAY RELAY 3x	Mayday Relay Mayday Relay Mayday Relay
Adressat	KÜFUST 3x oder ALL STATIONS 3x	All Stations All Stations All Stations
	HIER IST	This is
Absender	SCHIFFSNAME 3x RUFZEICHEN 1x - [1]	Phoenix Phoenix Phoenix DF 1234 -
Meldung	AT ... UTC FOLLOWING OBSERVED [2] oder FOLLOWING RECEIVED: »...« [3]	At 1800, I repeat 1800 UTC observed red rockets in vicinity of light buoy A1
Abschluss	OVER	Over

1 Die MMSI wird nur genannt, wenn der Notverkehr mit einem DSC-Alarm eingeleitet wurde. Eine DSC-NOTWEITERLEITUNG ist mit DSC-Controllern auf Sportbooten (Klasse D) üblicherweise nicht möglich.
2 Die Nennung einer eindeutigen Position mit geschätzter Peilung und Abstand zu den Havaristen ist notwendig.
3 Die empfangene Meldung wird vollständig wiedergegeben.

Funkstille

Alle Funkstellen, die nicht am Notverkehr beteiligt sind, unterliegen einer Funkstille auf dem Kanal, auf dem der Notverkehr abgewickelt wird. Die Seenotleitung, der On-Scene-Coordinator bzw. eine beteiligte Küstenfunkstelle sind berechtigt, andere Stationen auf die Funkstille folgendermaßen hinzuweisen.

	Schema	Beispiel
Signalwort	- [1]	-
Adressat	ALL STATIONS 1x oder NAME DER STÖRENDEN Funkstelle	Albatros
Absender	- [1]	-
Meldung	SILENCE MAYDAY [2]	Silence Mayday
Abschluss	-	-

1 Entfällt
2 Aussprache (französisch): Seelonce Mähdee

Beenden eines Notalarms
Wenn der Notverkehr beendet ist, muss die Station, die den Notverkehr geleitet hat, ihn auf den entsprechenden Kanälen auch beenden.

	Schema	Beispiel
Signalwort	MAYDAY	Mayday
Adressat	ALL STATIONS 3x	All Stations All Stations All Stations
	HIER IST	This is
Absender [1]	SCHIFFSNAME 3x RUFZEICHEN 1x - [1]	Herman Helms Herman Helms Herman Helms DBAM
Meldung	AT ... UTC [2] NAME 1x [3] RUFZEICHEN 1x MMSI 1x [4] SILENCE FINI [5]	At 1225, I repeat 1225 UTC Seeadler DR3456 211765890 Silence Fini
Abschluss	-	-

[1] Üblicherweise wird der Notverkehr durch den On-Scene Coordinator (OSC) oder das RCC/MRCC beendet. Das Beenden kann aber auch durch den Havaristen erfolgen. In diesem Fall sollte auch die eigene MMSI genannt werden (wenn die Notalarmierung auch per DSC erfolgt ist).
[2] Aktuelle Uhrzeit in UTC
[3] Kennung des Havaristen
[4] Wird zusätzlich genannt, wenn der Notverkehr mit einer DSC-Alarmierung eingeleitet wurde.
[5] Aussprache (französisch): Seelonce Feenee

Fehlalarm

Durch die Zunahme elektronischer Alarmierungssysteme im GMDSS ist die Zahl der Fehlalarme stark angestiegen. Als Fehlalarm bezeichnet man einen (versehentlich) ausgesendeten Notalarm, obwohl weder Schiff noch Personen in Not sind. Ursachen hierfür können technischer Natur sein, aber auch Fehlbedienung oder Unkenntnis über die Funktionsweise des Gerätes (DSC-Controller, EPIRB etc.). Die Kosten für die möglicherweise eingeleitete Such- und Rettungsaktion durch den Fehlalarm kann dem Verursacher angelastet werden.
Nach der Aussendung eines Fehlalarms müssen die umliegenden Funkstellen mit allen zur Verfügung stehenden Mitteln darüber informiert werden, dass es sich um einen solchen handelt, und der Fehlalarm muss aufgehoben werden. Zugleich ist die Rettungsleitstelle oder die nächstgelegene Küstenfunkstelle zu informieren. Sofern ein Fehlalarm ordnungsgemäß widerrufen wird, sind üblicherweise keine weiteren Folgen zu erwarten.

DSC-Fehlalarm

Ist von einem Schiff fälschlicherweise ein DSC-Notalarm ausgesendet worden, muss das Gerät unverzüglich zurückgesetzt werden. Es soll folgendermaßen vorgegangen werden:

- das Gerät ausschalten und sofort wieder einschalten, um zu vermeiden, dass der DSC-Notalarm nach ein paar Minuten wieder automatisch ausgesendet wird, oder
- falls das Gerät mit einer Abbruchfunktion versehen ist, muss diese betätigt werden. Es muss aber sichergestellt sein, dass durch das Betätigen der Abbruchfunktion eine DSC-Meldung an alle Stationen ausgelöst wird.

Eine Aussendung per DSC (abgesehen von der genannten Abbruchfunktion), um den Fehlalarm zu annullieren, ist nicht zulässig.

Anschließend ist folgende Sprechfunkmeldung auf Kanal 16 abzusetzen.

	Schema	Beispiel
Signalwort	- [1]	-
Adressat	ALL STATIONS 3x	All Stations All Stations All Stations
	HIER IST	This is
Absender	SCHIFFSNAME 3x RUFZEICHEN 1x MMSI 1x [2]	Fortuna Fortuna Fortuna DB 3654 211123456
Position	- [3]	-
Meldung	PLEASE CANCEL MY DISTRESS ALERT OF .... UTC	Please cancel my distress alert of 1245, I repeat 1245 UTC
Abschluss	-	-

[1] Ein Fehlalarm ist kein Notfall, daher wird das Prioritätszeichen Mayday nicht gesprochen.

[2] Die MMSI wird nur genannt, wenn diese auch (beispielsweise per DSC) ausgesendet wurde.

[3] Es ist nicht falsch, die Position zu nennen, wenn sie per DSC ausgesendet wurde, ist aber nicht zwingend vorgesehen.

Nach der Aussendung bleibt die Funkstelle noch mindestens fünf Minuten auf Kanal 16 für Rückfragen empfangsbereit.

FEHL ALARM
oder: FORTUNA im Unglück?
Ein Sommertag in der Kieler Förde. Es ist 17.32h.
Fortuna
DISTRESS
DISTRESS...UNDESIGNATED...54-26N 010-12E...1532UTC

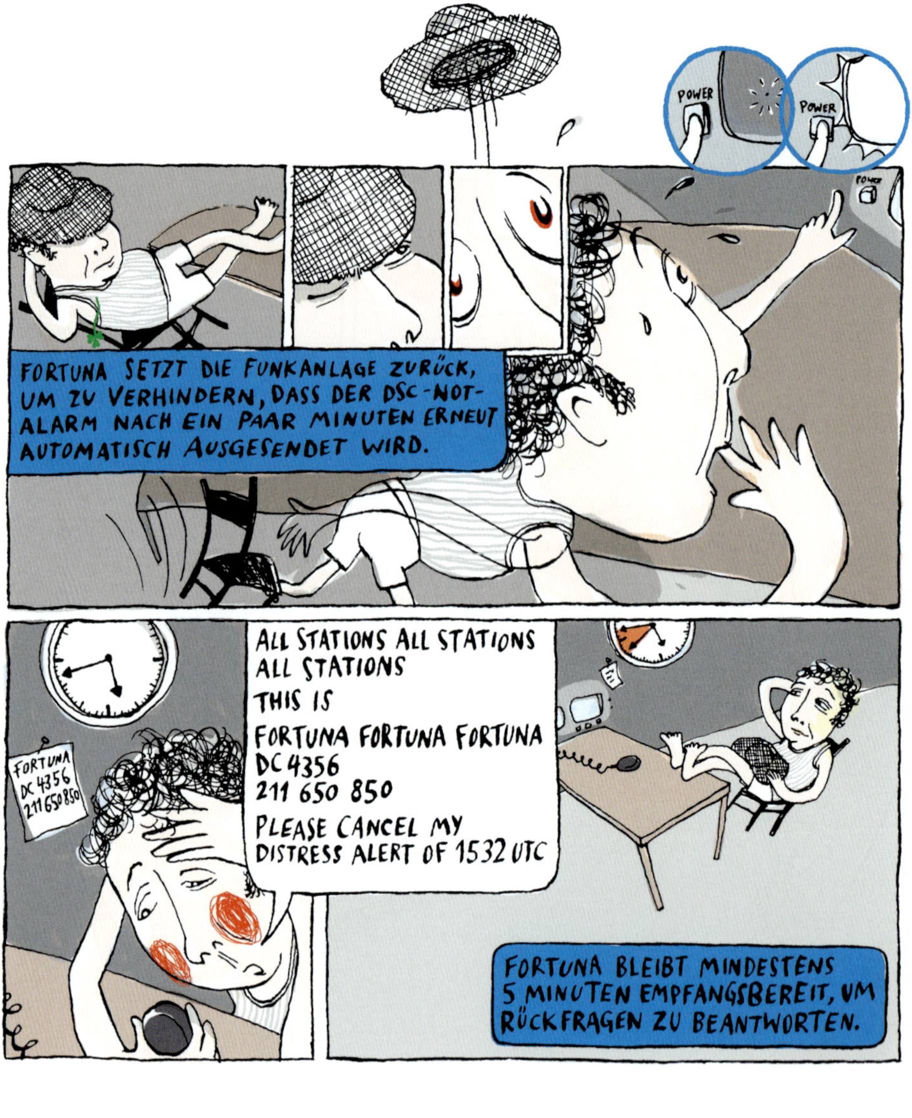
POWER
POWER
FORTUNA SETZT DIE FUNKANLAGE ZURÜCK, UM ZU VERHINDERN, DASS DER DSC-NOT-ALARM NACH EIN PAAR MINUTEN ERNEUT AUTOMATISCH AUSGESENDET WIRD.
FORTUNA DC 4356 211 650 850
ALL STATIONS ALL STATIONS ALL STATIONS THIS IS FORTUNA FORTUNA FORTUNA DC4356 211 650 850 PLEASE CANCEL MY DISTRESS ALERT OF 1532 UTC
FORTUNA BLEIBT MINDESTENS 5 MINUTEN EMPFANGSBEREIT, UM RÜCKFRAGEN ZU BEANTWORTEN.

Fehlalarmstatistik

Die Deutsche Gesellschaft zur Rettung Schiffbrüchiger führt eine genaue Statistik über die elektronischen Fehlalarmierungen im GMDSS. Bei der Betrachtung der Statistik fallen zwei Dinge auf:

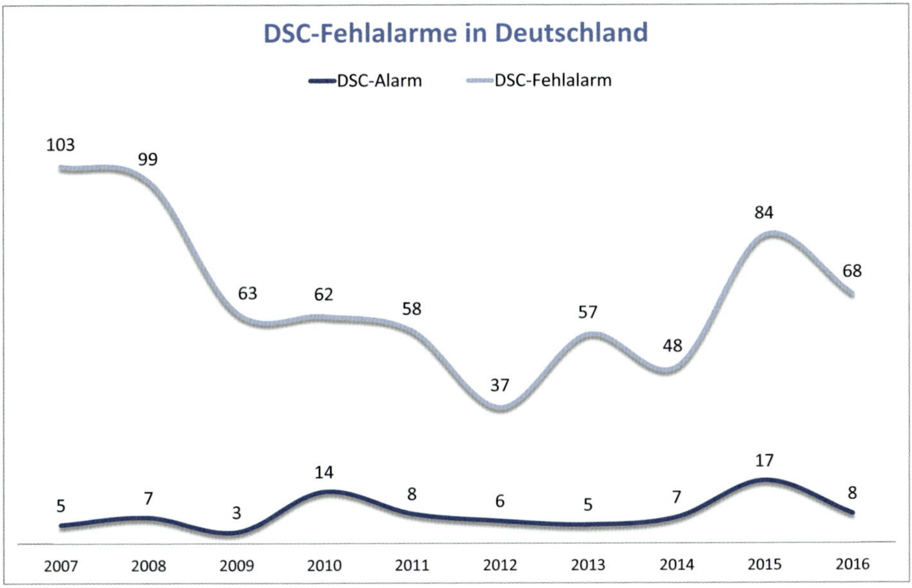

1. Die verhältnismäßig hohe Anzahl an DSC-Fehlalarmen im Verhältnis zu den tatsächlichen Alarmierungen per DSC.
2. Die sehr geringe Anzahl an Notalarmierungen per DSC im Verhältnis zu den Hunderten von Notfällen pro Jahr.

Jeder eingehende Alarm bei der Seenotleitung wird ernst genommen. Er bindet Ressourcen. Fehlalarme sind in jedem Fall zu vermeiden.

Die sehr geringe Zahl der DSC-Notalarme lässt darauf schließen, dass die Alarmierung im Notfall nur selten per DSC erfolgt. Eine Alarmierung im Notfall per DSC mit anschließender Meldung per Sprechfunk ist dem reinen Sprechfunk-Notanruf mit Notmeldung jedoch immer vorzuziehen.

Jeder kann zur Verringerung der Fehlalarmierungen beitragen:

- **Einweisung der Crew (auch Kinder). Erläuterung der Alarmierungsmöglichkeiten. Sensibilisierung des Themas Fehlalarm.**
- **Vertraut machen mit der Funktionsweise der elektronischen Alarmierung (DSC, EPIRB, SART etc.).**
- **Test der Geräte nur nach den vorgeschriebenen Verfahren in der Anleitung. Roten Knopf niemals zum Testen verwenden.**

Dringlichkeitsverkehr

Im Gegensatz zum Notfall handelt es sich bei der Dringlichkeitsmeldung um eine mittelbare Gefahr für Personen oder Schiffe. Ob eine Dringlichkeitslage vorliegt, entscheidet der Schiffsführer.

Als DSC-Anruf erfolgt ein Ruf an alle Funkstellen ❶ mit der Priorität »Dringlichkeit« (Urgency) ❷. Als Arbeitskanal wird der Kanal 16 gewählt, wenn dieser nicht bereits durch einen Not- oder Dringlichkeitsverkehr belegt ist. Ist die Anlage nicht mit DSC ausgerüstet, werden der Dringlichkeitsanruf und die nachfolgende Meldung direkt auf Kanal 16 ausgesendet, sofern dieser nicht belegt ist:

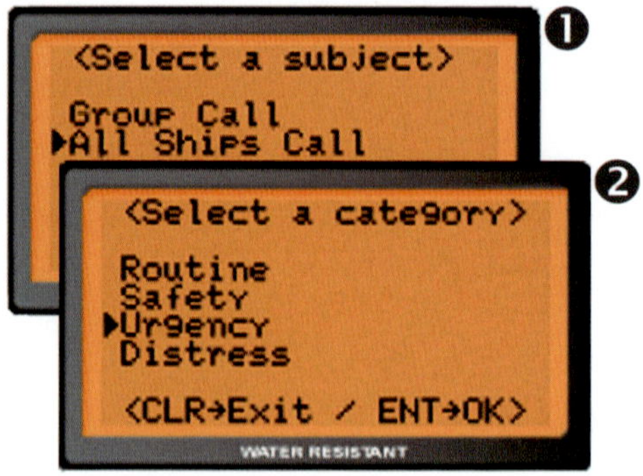

Ankündigung einer Dringlichkeitsmeldung per DSC an alle Funkstellen

	Schema	Beispiel
Signalwort	PAN PAN 3x	Pan Pan Pan Pan Pan Pan
Adressat	AN ALLE FUNKSTELLEN 3x [1]	All Stations All Stations All Stations
	HIER IST	This is
Absender	SCHIFFSNAME 3x RUFZEICHEN 1x MMSI 1x [2]	Fortuna Fortuna Fortuna DB 3654 211123456
Position	BREITE/LÄNGE oder RICHTUNG/ABSTAND	5, I repeat 5 nautical miles west of »Alte Weser« light house
Meldung	MELDUNGSINHALT	Broken rudder. Drifting toward the coast. Require towing assistance.
Abschluss	OVER	Over

[1] Eine Dringlichkeitsmeldung kann auch an eine bestimmte Funkstelle adressiert sein.
[2] Die MMSI wird nur genannt, wenn die Dringlichkeitsmeldung per DSC angekündigt wurde.

Alternativ kann eine Ankündigung auf Kanal 16 erfolgen und ein Schiff-Schiff-Kanal für die Abwicklung des Dringlichkeitsverkehrs verwendet werden.
Beispiele für eine Dringlichkeitsmeldung sind Situationen (von denen keine unmittelbare Gefahr ausgeht), wo ein Schiff beispielsweise Schlepphilfe oder Pumphilfe benötigt. Auch eine medizinische Situation (funkärztliche Beratung) kann ein Dringlichkeitsfall sein.

Beenden einer Dringlichkeitsmeldung
Wenn eine Dringlichkeitsmeldung an alle Funkstellen übermittelt worden ist und die gewünschten Maßnahmen nicht mehr notwendig sind, soll sie vom Schiff, das die Dringlichkeitsmeldung ausgesendet hat, im folgenden Format per Sprechfunk annulliert werden:

	Schema	Beispiel
Signalwort	PAN PAN 3x	Pan Pan Pan Pan Pan Pan
Adressat	AN ALLE FUNKSTELLEN 3x	All Stations All Stations All Stations
	HIER IST	This is
Absender	SCHIFFSNAME 3x RUFZEICHEN 1x MMSI 1x [1]	Fortuna Fortuna Fortuna DB 3654 211123456
Meldung	PLEASE CANCEL MY URGENCY MESSAGE OF ... UTC	Please cancel my urgency message of 0825, I repeat 0825 UTC
Abschluss	-	-

[1] Die MMSI wird nur genannt, wenn die Dringlichkeitsmeldung per DSC angekündigt wurde.

Sicherheitsverkehr

Liegt eine Nautische Warnnachricht oder eine Wetterwarnung vor, kann eine Sicherheitsmeldung abgesetzt werden.

Als DSC-Anruf erfolgt ein Ruf an alle Stationen ❶ mit der Priorität »Sicherheit« (Safety) ❷. Als Arbeitskanal wird der Kanal 16 gewählt, wenn dieser nicht bereits durch einen Not- oder Dringlichkeitsverkehr belegt und eine Übermittlung auf einem Schiff-Schiff-Kanal aus bestimmten Gründen nicht praktikabel ist. Ist die Anlage nicht mit DSC ausgerüstet, wird der Sicherheitsanruf auf Kanal 16 ausgesendet, sofern dieser nicht belegt ist.

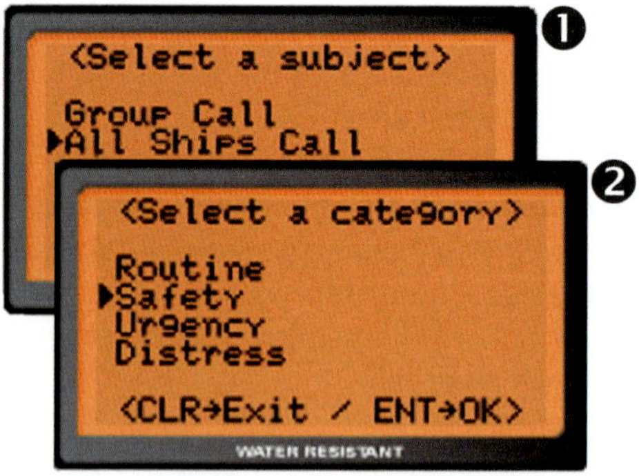

Ankündigung einer Sicherheitsmeldung per DSC an alle Funkstellen

	Schema	Beispiel
Signalwort	SÉCURITÉ 3x	Sécurité Sécurité Sécurité
Adressat	AN ALLE FUNKSTELLEN 3x [1]	All Stations All Stations All Stations
	HIER IST	This is
Absender	SCHIFFSNAME 3x RUFZEICHEN 1x MMSI 1x [2]	Fortuna Fortuna Fortuna DB 3654 211123456
Position	BREITE/LÄNGE oder RICHTUNG/ABSTAND	In position 54° 34′ N 007° 22′ E, I repeat 54° 34′ N 007° 22′ E
Meldung	MELDUNGSINHALT	We observed a drifting buoy marked with Sierra Tango 3
Abschluss	OVER	Over

1 Eine Sicherheitsmeldung kann auch an eine bestimmte Station adressiert werden.
2 Die MMSI wird nur genannt, wenn die Sicherheitsmeldung per DSC angekündigt wurde.

Eine Sicherheitsmeldung wird nicht bestätigt. Trotzdem sollte eine Hörbereitschaft auf dem Arbeitskanal für einige Zeit aufrechterhalten werden, um Rückfragen zu beantworten.

Binnenfunk

Rechtliches

Die Regionale Vereinbarung für den Binnenschifffahrtsfunk (RAINWAT) ist eine internationale Vereinbarung, die zurzeit von 15 Vertragsverwaltungen (Deutschland, Österreich, Belgien, Kroatien, Frankreich, Ungarn, Luxemburg, Moldawien, Niederlande, Polen, Rumänien, Slowakische Republik, Schweiz, Tschechische Republik, Bundesrepublik Jugoslawien) unterzeichnet worden ist.
Der Binnenschifffahrtsfunk hat 1996 den Rheinfunk abgelöst. Die Zentralkommission für die Rheinschifffahrt (ZKR) gibt zusammen mit der Donaukommission (DK) und Moselkommission (MK) das Handbuch Binnenschifffahrtsfunk heraus.
Das Handbuch Binnenschifffahrtsfunk enthält alle wichtigen Informationen zur Teilnahme am Binnenschifffahrtsfunk und muss (auch auf nicht ausrüstungspflichtigen Sportbooten) an Bord mitgeführt werden.

Handbuch Binnenschifffahrtsfunk

UBI: 3, 9, 10, 12, 14, 17, 36, 80, 81, 83

Das Handbuch ist in zwei Teile gegliedert. Der Allgemeine Teil enthält Begriffsbestimmungen, Beschreibung und Betrieb der Verkehrskreise, Abwicklung des Binnenschifffahrtsfunks, Gesprächsbeispiele, Buchstabieralphabet und Informationen zu Meldepflichten.
Der Regionale Teil enthält Angaben über die Funkausrüstung und Benutzungspflicht, eine Übersicht der ortsfesten Funkstellen, ein Verzeichnis der Dienststellen, die ständig besetzt sind, sowie empfohlene Redewendungen in verschiedenen Sprachen. Es muss nur der jeweilige regionale Teil an Bord sein, der das Gebiet umfasst, welches befahren wird.

INTER-NET

www: Binnenschifffahrtsfunk

Voraussetzungen und Geltungsbereich

Seefunkstellen können auf Antrag zur Teilnahme am Binnenschifffahrtsfunk zugelassen werden. Dazu muss die Seefunkstelle mit einer zusätzlichen Binnenschifffahrtsfunkanlage oder einer Kombianlage mit Automatischem Senderidentifizierungssystem (ATIS) ausgerüstet sein.

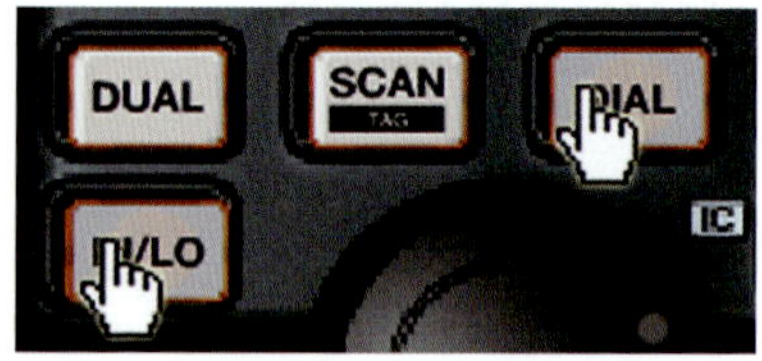

Umschalten zwischen See- und Binnenfunk (ATIS) bei der Prüfungsanlage IC-M 503: Tasten HI/LO und DIAL gleichzeitig drücken

Zur Teilnahme am Binnenschifffahrtsfunk wird das aktuelle UKW-Sprechfunkzeugnis für den Binnenschifffahrtsfunk (UBI) oder ein entsprechendes Funkzeugnis benötigt, das vor 2003 erworben wurde.

Der Betreiber einer Schiffsfunkstelle benötigt eine Zuteilungsurkunde (Ship Station Licence), ausgestellt durch die BNetzA, Außenstelle Hamburg.

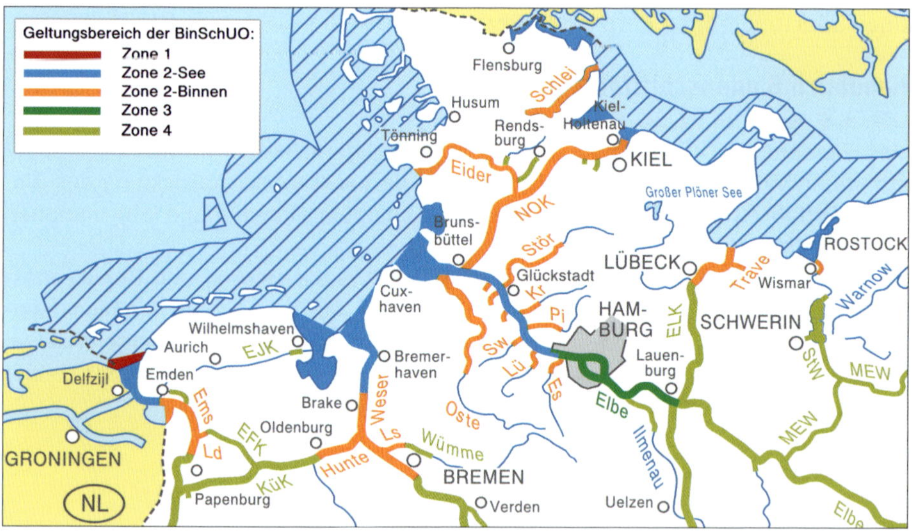

Wasserstraßen der Zonen 1 bis 4 nach der Binnenschiffsuntersuchungsordnung (Ausschnitt)

Mit dem UBI darf man auf den Binnenwasserstraßen bis zur »Flussmündung« am Seefunkdienst teilnehmen. Die genaue Festlegung der Grenzen ergibt sich aus Anhang I (Liste der geografischen Zonen) der Binnenschiffsuntersuchungsordnung. Während Zone 4 dem Geltungsbereich der Binnenschifffahrtsstraßen-Ordnung entspricht, beschreiben die Zonen 1 bis 3 die genauen Bereiche außerhalb der BinnenSchStrO bis zur Flussmündung.

ATIS-Nummer

UBI: 37-44

Die ATIS-Nummer wird der Schiffsfunkstelle auf Antrag in der Zuteilungsurkunde (Ship Station Licence) von der Bundesnetzagentur zugeteilt.
Die ATIS-Nummer besteht immer aus 10 Ziffern und beginnt immer mit einer 9, gefolgt von der Seefunkkennzahl (211 oder 218 für Deutschland) und den weiteren 6 Zeichen, die das Rufzeichen wiedergeben.
Die ATIS-Nummer wird automatisch (nach Loslassen der Sprechtaste) als Tonfolge ausgesendet und beim Empfänger (sofern dieser die Vorrichtung besitzt) meist als Rufzeichen angezeigt. Zur akustischen Unterdrückung des Tonsignals sind die Funkgeräte mit einem sogenannten ATIS-Killer ausgestattet.

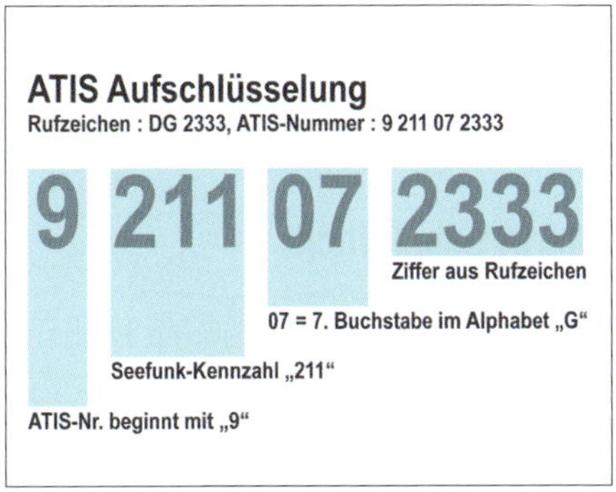

Aufschlüsselung der ATIS-Nummer

Verkehrskreise

UBI: 55, 56, 58-64, 66-77, 89, 91, 93, 94, 116

Der gesamte Binnenschifffahrtsfunk ist in Verkehrskreise (Zuordnung von Kanälen für bestimmte Aufgaben) gegliedert:

Verkehrskreis 1: Schiff-Schiff
Informationsaustausch zwischen Schiffsfunkstellen (z. B. Kursabsprache).
Kanäle 06, 08, 10, 13, 72, 77.
Automatische Leistungsreduzierung auf 1 Watt.

Verkehrskreis 2: Nautischer Informationsfunk (NIF)
Schleusenfunk, Revierzentralen, Verkehrsposten.
In Deutschland sind 25 Watt Sendeleistung gestattet.

Verkehrskreis 3: Schiff-Hafenbehörde
Zuweisung von Liegeplätzen und Fahrt in Häfen.
Kanäle 11, 12, 14, 71, 74.
Automatische Leistungsreduzierung auf 1 Watt.

Verkehrskreis 4: Funkverkehr an Bord
Schlepp- und Schubverbände oder Festmachen und Ankern.
Die Nutzung dieses Verkehrskreises ist für Kleinfahrzeuge verboten. Der Einsatz von Handsprechfunkgeräten ist in Deutschland ausschließlich in diesem Verkehrskreis erlaubt.
Kanäle 15, 17. Automatische Leistungsreduzierung auf 1 Watt.

Mit Ausnahme des Verkehrskreises 2 (NIF) darf im Binnenschifffahrtsfunk nur mit reduzierter Sendeleistung (zwischen 0,5 und 1 Watt) gefunkt werden. Die Reduzierung erfolgt auf den entsprechenden Kanälen automatisch durch die Funkanlage.
Der Kanal 10 ist der primäre Schiff-Schiff-Kanal, der von allen Fahrzeugen mit einer Binnenschifffahrtsfunkanlage abgehört werden muss.

Ausrüstungspflicht

UBI: 15, 16, 17, 65

Fahrzeuge, die die deutschen Binnenwasserstraßen befahren, müssen (seit 1995) mit mindestens zwei UKW-Sprechfunkgeräten ausgestattet sein, die den Verkehrskreis 1 (Schiff-Schiff) und 2 (NIF) gleichzeitig abhören. Eine Zweikanalüberwachung (Dual-Watch) ist im Binnenschifffahrtsfunk nicht gestattet. Ein weiteres UKW-Sprechfunkgerät wird benötigt, wenn beispielsweise durch einen Schleppverband zusätzlich an dem Verkehrskreis 4 (Funkverkehr an Bord) teilgenommen wird.
Die Ausrüstungspflicht kann für bestimmte Fahrzeuge oder auch Fahrgebiete abweichend geregelt sein. In einigen Fällen reicht es aus, wenn eine UKW-Binnenfunkanlage an Bord ist: Auf Binnenwasserstraßen, auf denen es keine Revierüberwachung und somit auch nicht den Verkehrskreis 2 (NIF) gibt, muss lediglich gewährleistet sein, dass der Verkehrskreis 1 (Schiff-Schiff) abgehört wird. Dieses ist dann im zweiten Teil der Schifffahrtspolizeiverordnungen (für Rhein, Mosel und Donau) bzw. der Binnenschifffahrtsstraßen-Ordnung (für die weiteren Schifffahrtsstraßen) geregelt.
Eine weitere Ausnahme bilden auf der Elbe, Hase oder Ems Fähren, Seilfähren oder schwimmende Geräte. Die Abweichung von der üblichen Ausrüstungspflicht ist im Anhang des regionalen Teils des Handbuch Binnenschifffahrtsfunk festgelegt.
Kleinfahrzeuge (unter 20 Meter Länge) unterliegen nicht der Ausrüstungspflicht, ausgenommen bei unsichtigem Wetter oder unter Radarfahrt.
Ist ein Funkgerät an Bord, gibt es allerdings eine Funkbenutzungspflicht. Das bedeutet, dass auch auf Sportbooten das Funkgerät auf Kanal 10 (oder dem von der zuständigen Behörde zugewiesenen anderen Kanal) auf Empfang geschaltet sein muss. Bei Fahrzeugen, die nur mit einer Funkanlage ausgestattet sind, darf für kurze Zeit kurzfristig auf einen anderen Kanal umgeschaltet werden.

Hinweis auf den Nautischen Informationsfunk (NIF) auf UKW-Kanal 20

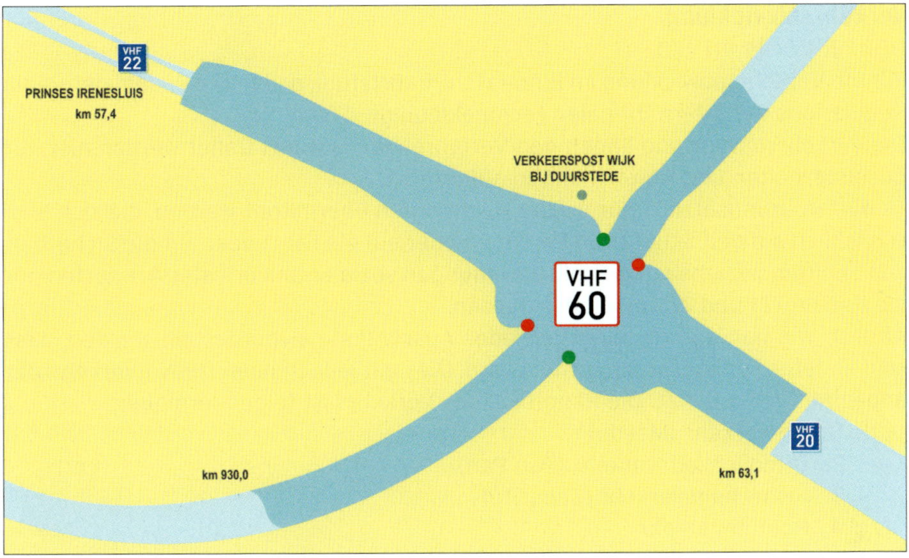

Ein Blockkanal ist am verkehrsreichen Wasserstraßenkreuz bei »Wijk Bij Duurstede« etabliert worden.

Revierzentralen, Verkehrsposten und Blockkanäle

UBI: 5-7

Die Revierzentralen nehmen unter anderem Anrufe aus der Schifffahrt (z. B. Notmeldungen) entgegen oder informieren die Schifffahrt über den Zustand der Wasserstraßen.

Die Revierzentralen sind auch über den Schleusenfunk - quasi als Relaisstation - erreichbar. Durch den entsprechenden Anruf »Hemelingen Schleuse« oder »Minden Revierzentrale« auf dem Arbeitskanal (hier Kanal 20 auf der Weser bei km 360) meldet sich dann die gewünschte Stelle. Welche Schleusen an eine Revierzentrale angeschlossen sind, steht im Regionalen Teil des Handbuchs Binnenschifffahrtsfunk. Die Kanäle können auch den blauen Schildern am Ufer entnommen werden.

In Belgien und den Niederlanden übernehmen die Verkehrsposten vergleichbare Aufgaben der Revierzentralen. Neben den Verkehrsposten gibt es in Belgien und den Niederlanden in Bereichen mit hoher Verkehrsdichte sogenannte Blockgebiete, auf denen Blockkanäle etabliert sind. In diesen Bereichen sind die Verkehrskreise 1 und 2 (Schiff-Schiff sowie NIF) zusammengeschaltet. Der Hintergrund ist, dass über denselben Kanal neben dem Behördenfunk auch ein vorausfahrendes oder entgegenkommendes Schiff angerufen werden kann.

Der Rufname eines Gebietes, in denen ein Blockkanal etabliert ist, lautet Sector. Beispiel: »Wijk bij Duussted Sector«.

Verkehrsabwicklung

UBI: 78, 110-115, 117-130

Für die Verkehrsabwicklung im Binnenschifffahrtsfunk gelten die Regeln der Radio Regulations der Internationalen Fernmeldeunion (ITU).

Die Verkehrsabwicklung ähnelt den Verfahren im Seefunk. Daher werden hier nur Besonderheiten und Abweichungen aufgeführt.

Es dürfen grundsätzlich nur solche Nachrichten übermittelt werden, die sich ausschließlich auf den Schutz von Personen oder auf die Fahrt oder auf die Sicherheit von Schiffen beziehen. Für Funkverbindungen sozialer und privater Art dürfen nur die Kanäle 72[1] und 77 verwendet werden.

Ähnlich wie im Seefunk muss vor jeder Aussendung sichergestellt werden, dass kein anderes Funkgespräch gestört wird. Dies gilt jedoch nicht für Notverkehr, der unbedingt Vorrang hat. Die Rangfolge des Verkehrs ist folgendermaßen:

1. Notverkehr (Mayday)
2. Dringlichkeitsverkehr (Pan Pan)
3. Sicherheitsverkehr (Securité)
4. Routineverkehr

Form des Anrufes

Das Anrufverfahren gleicht dem Verfahren im Seefunk (s. Seite 64). Beim Anruf werden nur der Schiffsname und das Rufzeichen genannt - die MMSI entfällt. Die MMSI hat im Binnenfunk (mit Anlagen ohne DSC-Controller) keine Bedeutung. Im Unterschied zum Seefunk muss beim Routineverkehr im Binnenfunk der Schiffstyp vor der Nennung des Namens übermittelt werden. Als Anruf können auch Gruppen von Schiffen, zum Beispiel »Talfahrer«, »Bergfahrer« oder andere Bezeichnungen verwendet werden.

Funkdisziplin

Die für einen reibungslosen Funkverkehr erforderliche Funkdisziplin verlangt:
sich auf die notwendigen Aussendungen zu beschränken,
die Verfahrensregeln strikt anzuwenden,
sich kurzzufassen und langsam und deutlich zu sprechen,
in den Verkehrskreisen Schiff-Schiff, Nautische Information, Schiff-Hafenbehörde und Funkverkehr an Bord nur dienstliche Gespräche zu führen,
für private Funkgespräche ausschließlich die Kanäle 77 und 72[1] zu benutzen,
die Sprechtaste nicht länger als notwendig gedrückt zu halten,
die Sendeleistung im Verkehrskreis Nautische Information so gering wie möglich zu wählen, um Störungen anderer Funkverbindungen zu vermeiden und
keine Musik zu senden.

[1] In den Niederlanden und in der Tschechischen Republik darf Kanal 72 nicht für Nachrichten sozialer Art verwendet werden.

Sprachen
Bei Verbindungen zwischen Schiffsfunkstellen und Landfunkstellen muss die Sprache des Landes benutzt werden, in dem sich die Landfunkstelle befindet (z. B. auf dem Rhein von Bedeutung).
Bei Verbindungen zwischen Schiffsfunkstellen muss die Sprache des Landes benutzt werden, in dem sich die betreffenden Schiffe befinden. Bei Verständigungsschwierigkeiten ist die Sprache zu benutzen, die in der betreffenden Schifffahrtspolizeiverordnung angegeben ist. Falls keine Schifffahrtspolizeiverordnung existiert, erfolgt die Kommunikation in englischer Sprache.

Notverkehr
Einen Kanal 16 gibt es im Binnenschifffahrtsfunk nicht. Zur Einleitung von Rettungsmaßnahmen sind vorzugsweise die ortsfesten Funkstellen im Verkehrskreis Nautische Information anzurufen. Die Schiffsfunkstelle in Not sollte zusätzlich auf einem Kanal des Verkehrskreises Schiff-Schiff (Kanal 10) die Schifffahrt informieren.
Der Notverkehr wird mit dem Notanruf (3x Prioritätszeichen »Mayday« und Schiffsname) begonnen, gefolgt von der Notmeldung.
Während eines Notverkehrs müssen die nicht beteiligten Funkstellen Funkstille bewahren.

	Schema	Beispiel
Signalwort	MAYDAY 3x	Mayday Mayday Mayday
	Hier ist	This is
Absender	TYP RUFNAME 3x RUFZEICHEN	Sportboot Fortuna Fortuna Fortuna DB3654
Signalwort	MAYDAY 1x	Mayday
Absender	TYP, RUFNAME 1x, RUFZEICHEN	Sportboot Fortuna DB3654
Position	ORT, FAHRRICHTUNG, FAHRWASSERSEITE	Zu Tal bei Weserkilometer 230, rechtes Ufer
Meldung	ART DES NOTFALLS ART DER HILFE WEITERE ANGABEN	Feuer an Bord, wir benötigen sofortige Unterstützung bei der Brandbekämpfung
Abschluss	BITTE KOMMEN	Bitte kommen

Bestätigen der Notmeldung

Im Verkehrskreis Nautische Information erfolgt die Bestätigung durch die ortsfeste Funkstelle. Im Verkehrskreis Schiff-Hafenbehörde soll eine Bestätigung der Hafenbehörde abgewartet werden. Liegt eine Bestätigung innerhalb einer Zeit von einer Minute nicht vor, muss eine Schiffsfunkstelle das Notgespräch übernehmen. Im Verkehrskreis Schiff-Schiff muss die Notmeldung von einer in der Nähe befindlichen Schiffsfunkstelle bestätigt werden.

	Schema	Beispiel
Signalwort	MAYDAY 1x	Mayday
Adressat	TYP, RUFNAME 1x, RUFZEICHEN	Sportboot Fortuna DB3654
	Hier ist	This is
Absender	TYP, RUFNAME 1x, RUFZEICHEN	Gütermotorschiff Karina DJ3191
Abschluss		Received Mayday

Notweiterleitung

Die Weiterleitung einer Notmeldung durch eine nicht selbst in Not befindliche Funkstelle wird mit »Mayday Relay« angekündigt. In der Meldung wird entweder ein beobachteter Notfall wiedergegeben oder eine empfangene Notmeldung weitergeleitet, sofern diese nicht bereits bestätigt wurde.

	Schema	Beispiel
Signalwort	MAYDAY RELAY 3x	Mayday Relay Mayday Relay Mayday Relay
Adressat	RUFNAME 3x	All Stations All Stations All Stations
	HIER IST	This is
Absender	TYP RUFNAME 3x RUFZEICHEN	Polizeiboot Bremen 15 Bremen 15 Bremen 15 DB9469
Position	ORT, FAHRRICHTUNG, FAHRWASSERSEITE	Zu Berg im Raum Hemelingen bei Weserkilometer 360
Einleitung	BEOBACHTET/ERHALTEN	Wir haben um 12 Uhr 35 folgendes beobachtet
Meldung	ART DES NOTFALLS ART DER HILFE WEITERE ANGABEN	2, ich wiederhole 2 Personen treiben im Wasser, die Schifffahrt wird gebeten, vorsichtig zu manövrieren und Hilfe zu leisten
Abschluss	BITTE KOMMEN	Bitte kommen

Funkstille gebieten

Die Funkstelle in Not kann einer anderen störenden Funkstelle mit dem Kennzeichen »SILENCE MAYDAY« Funkstille gebieten.

	Schema	Beispiel
Signalwort	-	-
Adressat	TYP, RUFNAME 1x, RUFZEICHEN (der störenden Funkstelle)	All Stations
Abschluss	SILENCE Mayday	Silence Mayday

Beenden des Notverkehrs

Nach Beendigung der Maßnahmen ist allen anderen Funkstellen mitzuteilen, dass der Notverkehr beendet ist. Dazu wird das Kennzeichen »SILENCE FINI« ausgesendet.

	Schema	Beispiel
Signalwort	MAYDAY 1x	Mayday
Adressat	RUFNAME 3x	All Stations All Stations All Stations
	Hier ist	This is
Absender	TYP RUFNAME 3x RUFZEICHEN	Sportboot Fortuna Fortuna Fortuna DB3654
Meldung	AKTUELLE UHRZEIT SCHIFF IN NOT	12 Uhr 21 Fortuna DB3654
Abschluss	SILENCE FINI	Silence fini

Dringlichkeitsfall

Ein Dringlichkeitsfall liegt dann vor, wenn Nachrichten übermittelt werden sollen, welche die Sicherheit der Besatzung oder des Schiffes betreffen, wie z.B. Krankheiten, die keine Lebensgefahr bedeuten, oder Schäden an Fahrzeugen, ohne dass davon eine unmittelbare Gefahr ausgeht (z.B. Festfahrung ohne Austritt von Ladung). Vorzugsweise sollte der Dringlichkeitsverkehr im Verkehrskreis Nautische Information abgewickelt werden.
Die Dringlichkeitsmeldung wird mit dem dreimal gesprochenen Signalwort »PAN PAN« eingeleitet.

	Schema	Beispiel
Signalwort	PAN PAN 3x	Pan Pan Pan Pan Pan Pan
Adressat	RUFNAME 3x	All Stations All Stations All Stations
	Hier ist	This is
Absender	TYP RUFNAME 3x RUFZEICHEN	Sportboot Carola Carola Carola DA1234
Position	ORT, FAHRRICHTUNG, FAHRWASSERSEITE	Zu Tal bei Rheinkilometer 805,75
Meldung		Erbitte ärztliche Hilfe Ein Crewmitglied ist verletzt, vermutlich Armbruch.
Abschluss	BITTE KOMMEN	Bitte kommen

Sicherheitsmeldung

Als Sicherheitsmeldung wird eine Nachricht ausgesendet, die eine wichtige nautische Warnnachricht oder eine wichtige Wetterwarnung enthält. Die Sicherheitsmeldung wird mit dem dreimal gesprochenen Signalwort »SÉCURITÉ« eingeleitet.

	Schema	Beispiel
Signalwort	SÉCURITÉ 3x	Sécurité Sécurité Sécurité
Adressat	RUFNAME 3x	All Stations All Stations All Stations
	Hier ist	This is
Absender	TYP RUFNAME 3x RUFZEICHEN	Sportboot Florentia Florentia Florentia DM9843
Position	ORT, FAHRRICHTUNG, FAHRWASSERSEITE	Zu Berg auf dem Mittellandkanal bei Kilometer 120
Meldung		Eine Hochspannungsleitung ist ins Wasser gefallen. Der Schifffahrt wird empfohlen, vorsichtig zu manövrieren.
Abschluss	BITTE KOMMEN/ENDE	Ende

Beenden des Dringlichkeits- und Sicherheitsverkehrs

Nach Beendigung der Maßnahmen ist allen anderen Funkstellen mitzuteilen, dass der Dringlichkeits- bzw. Sicherheitsverkehr beendet ist. Dies erfolgt üblicherweise durch die Landfunkstelle. Dieser Anruf hat an alle Stationen zu erfolgen, die auch alarmiert worden sind. Der Anruf erfolgt wie bei der Dringlichkeits- oder Sicherheitsmeldung.
Das folgende Schema gilt für die Dringlichkeitsmeldung, ist aber in gleicher Weise bei einer Sicherheitsmeldung anzuwenden.

	Schema	Beispiel
Signalwort	PAN PAN 3x	Pan Pan Pan Pan Pan Pan
Adressat	RUFNAME 3x	All Stations All Stations All Stations
	Hier ist	This is
Absender	TYP RUFNAME 3x RUFZEICHEN	Sportboot Carola Carola Carola DA1234
Meldung	RÜCKNAHME DER MELDUNG	Rücknahme meiner Dringlichkeitsmeldung von 13:30 Uhr.
Abschluss	ENDE	Ende

Anhang

Anrufverfahren SRC

Gesprächsverfahren im GMDSS

Für UKW-DSC-Controller (Klasse D) nach WRC 07

	Priorität	NOTMELDUNG			NOTVERKEHR
		Notmeldung	**Weiterleiten**	**Bestätigen**[4]	**Funkstille**
Alarmierung	DSC (CH 70)	DISTRESS ALERT	–[3]	-	-
	Sprechfunk	CH 16	CH 16	CH 16	CH 16
Anruf	Signalwort	MAYDAY 3x	MAYDAY RELAY 3x	MAYDAY 1x	-
	Adressat	-	KüFuSt 3x oder ALL STATIONS 3x	NAME 1x RUFZ. 1x oder MMSI 1x	ALL STATIONS 1x oder Name der stö-renden Station 1x
		THIS IS	THIS IS	THIS IS	-
	Absender	NAME 3x RUFZ. 1x MMSI 1x[1]	NAME 3x RUFZ. 1x –[3]	NAME 1x RUFZ. 1x -	-
Meldung	Meldung	MAYDAY NAME 1x RUFZ. 1x MMSI 1x[1] POSITION[2] MELDUNG: - Notfallart - Benötigte Hilfe - Sonstige Infos	At ... UTC ... following observed oder ... following received: »Mayday, Havarist,...«	RECEIVED MAYDAY	SILENCE MAYDAY
	Abschluss	OVER	OVER	OVER	–[5]

1 Die MMSI wird nur genannt, wenn vorher eine Aussendung per DSC erfolgt ist.
2 Zahlen und Positionsangaben sollten wiederholt und Ziffer für Ziffer gesprochen werden.
3 Eine DSC Notweiterleitung ist auf Sportbooten üblicherweise nicht möglich. Die MMSI wird daher nicht genannt.
4 Nach Aufforderung der KüFuSt oder (wenn kein Notverkehr in Gang ist) nach fünf Minuten.
5 Wird das Gespräch weder übergeben noch beendet, entfällt der Abschluss.
6 DSC zurücksetzen: wenn diese Funktion nicht bekannt ist oder vom DSC-Controller nicht unterstützt wird, dann aus- und sofort wieder anschalten.

NOTVERKEHR	DSC-FEHLALARM	DRINGLICHKEIT	DRINGLICHKEIT	SICHERHEIT
Beenden	**Fehlalarm aufheben**	**Meldung**	**Aufheben**	**Meldung**
-	-[6]	PRIORITY Urgency		PRIORITY Safety
CH 16	CH 16	z.B. CH 16[8]	z.B. CH 16[8]	z.B. CH 16
MAYDAY 1x	-	PAN PAN 3x	PAN PAN 3x	SÉCURITÉ 3x
ALL STATIONS 3x	ALL STATIONS 3x	ALL STATIONS 3x oder KüFuSt 3x	ALL STATIONS 3x oder KüFuSt 3x	ALL STATIONS 3x oder KüFuSt 3x
THIS IS	THIS IS	THIS IS	THIS IS	THIS IS
NAME 3x RUFZ. 1x -	NAME 3x RUFZ. 1x MMSI 1x[1]	NAME 3x RUFZ. 1x MMSI 1x[1]	NAME 3x RUFZ. 1x MMSI 1x[1]	NAME 3x RUFZ. 1x MMSI 1x[1]
AT... UTC NAME 1x RUFZ.1x MMSI 1x[1] SILENCE FINI	PLEASE CANCEL MY DISTRESS ALERT OF ... UTC	MELDUNG	PLEASE CANCEL MY URGENCY MESSAGE OF ... UTC	MELDUNG
-[5]	-[5, 7]	OVER	-	OVER//OUT

7 Nach der Aussendung muss der Kanal noch mindestens fünf Minuten abgehört werden.
8 CH 16 ist nur zu verwenden, wenn kein Verkehr höherer Priorität in Gang ist.
Bei der Abwicklung längerer Gespräche wird in der Regel der CH 16 wieder frei gemacht.

Erläuterung **CH** Kanal **KüFuSt** Küstenfunkstelle
Aussprache **MAYDAY** MÄHDEE **SILENCE MAYDAY** SEELONCE MÄHDEE
SILENCE FINI SEELONCE FEENEE

Anrufverfahren UBI

Verfahren auf Basis des Handbuchs Binnenschifffahrtsfunk 2017

Not-, Dringlichkeits- und Sicherheitsmeldungen für Schiffsfunkstellen

	Priorität	NOTMELDUNG		
		Notmeldung	**Weiterleiten**	**Bestätigen**[3]
	Kanal	NIF oder 10	NIF oder 10	z. B. 10
Anruf	Signalwort	MAYDAY 3x	MAYDAY RELAY 3x	MAYDAY 1x
Anruf	Adressat	-	ORTSFESTE FUNKSTELLE[2] 3x oder ALL STATIONS 3x	TYP, NAME 1x, RUFZEICHEN
Anruf		THIS IS	THIS IS	THIS IS
Anruf	Absender	TYP, NAME 3x, RUFZEICHEN	TYP, NAME 3x, RUFZEICHEN	TYP, NAME 1x, RUFZEICHEN
Meldung	Meldung	MAYDAY TYP, NAME, RUFZ. POSITION[1] MELDUNG: - Art des Notfalls - Erbetene Hilfe - Sonstige Infos	Wir haben um ... Uhr auf POSITION[1] 1) Folgendes beobachtet ... 2) Folgendes auf Kanal ... empfangen: »...«	RECEIVED MAYDAY
	Abschluss	BITTE KOMMEN	BITTE KOMMEN	-

1 Positionsangabe: Fahrtrichtung, Gewässername und Orts- bzw. Kilometerangabe. Zahlen werden in Ziffern gesprochen (Beispiel: »Zu Berg bei Rheinkilometer acht-null-fünf«).
2 Je nach Region ist die ortsfeste Funkstelle einer Revierzentrale mit geografischem Namen gefolgt von »Revierzentrale«, »Verkehrsposten« oder »Sector« zu rufen.
3 Im Verkehrskreis »Nautischer Informationsfunk« erfolgt die Bestätigung durch die ortsfeste Funkstelle.
4 Verfahren für Funkstellen, die am Notverkehr beteiligt sind.
5 Rücknahme der Meldung durch das Anrufverfahren, gefolgt von »Rücknahme meiner Dringlichkeitsmeldung von ... Uhr. ENDE« oder »Rücknahme meiner Sicherheitsmeldung von ... Uhr. ENDE«

NOTVERKEHR		DRINGLICHKEIT[5]	SICHERHEIT[5]
Funkstille[4]	**Beenden**	**Meldung**	**Meldung**
z. B. 10	NIF oder 10	NIF oder 10[6]	NIF oder 10
-	MAYDAY 1x	PAN PAN 3x	SÉCURITÉ 3x
ALL STATIONS oder NAME/RUFZ. der störenden Funkstelle 1x	ORTSFESTE FUNKSTELLE[2] 3x oder ALL STATIONS 3x	ORTSFESTE FUNKSTELLE[2] 3x oder ALL STATIONS 3x	ORTSFESTE FUNKSTELLE[2] 3x oder ALL STATIONS 3x
-	THIS IS	THIS IS	THIS IS
-	TYP, NAME 3x, RUFZEICHEN	TYP, NAME 3x, RUFZEICHEN	TYP, NAME 3x, RUFZEICHEN
SILENCE MAYDAY	AKTUELLE UHR-ZEIT NAME 1x, RUFZEICHEN SILENCE FINI	MELDUNG	MELDUNG
-	-	BITTE KOMMEN	ENDE[7]

6 Vorzugsweise sollte der Dringlichkeitsverkehr im Verkehrskreis »Nautischer Informationsfunk« abgewickelt werden.
7 Je nach Situation auch »BITTE KOMMEN«.

Erläuterung **TYP** Schiffstyp **NIF** Nautischer Informationsfunk
Aussprache **MAYDAY** MÄHDEE **SILENCE MAYDAY** SEELONCE MÄHDEE **SILENCE FINI** SEELONCE FEENEE

Seefunktexte SRC

Im Rahmen der theoretischen Prüfung wird dem Bewerber einer der nachfolgenden englischen Texte diktiert. Dabei werden Namen und geografische Begriffe mithilfe der Buchstabiertafel (siehe Seite 59) buchstabiert. Der Bewerber muss den Text niederschreiben und anschließend schriftlich ins Deutsche übersetzen.
In einer zweiten Übersetzungsaufgabe wird dem Bewerber einer der deutschen Texte vorgelegt, der dann schriftlich ins Englische übersetzt werden muss.
Im Rahmen der praktischen Prüfung können die nachfolgenden Texte als Aufgabenstellung herangezogen werden. Der Bewerber muss dann die Priorität der Meldung beurteilen, die notwendigen Einstellungen am DSC-Controller vornehmen und die Meldung unter Verwendung des richtigen Anrufverfahrens wiedergeben.

(a) Richtung Land-See
(b) Richtung See-Land/Schiff-Schiff

Deutsch Englisch

1 (a) In der Nähe der Leucht-Heultonne Humber 5 wurde ein gekentertes Rettungsfloß beobachtet. Überlebende wurden nicht gesichtet. Schiffe in dem Gebiet werden gebeten, scharf Ausschau zu halten.

In vicinity of light and whistle buoy Humber 5 capsized life raft observed. Survivors were not sighted. Ships in area are requested to keep sharp lookout.

2 (b) Seydisfjord/DFBY auf Position 61-10N 003-45E, nach einer Explosion Feuer im Motorraum, zwei Personen schwer verletzt, wir müssen das Schiff verlassen, benötigen sofortige Hilfe.

Seydisfjord/DFBY in position 61-10N 003-45E, after explosion fire in engine room, two persons are seriously injured, we have to abandon the vessel, require immediate help.

3 (b) M/S Freyburg/DCAW berichtet Person über Bord, um 0730 UTC zuletzt gesichtet auf Position 53-53N 008-56E. Alle Schiffe in der Nähe werden gebeten, scharf Ausschau zu halten und die Seenotleitung Bremen zu informieren.

M/V Freyburg/DCAW reports person over board, last seen in position 53-53N 008-56E at 0730 UTC. All ships in vicinity are requested to keep sharp lookout and report to Maritime Rescue Co-ordination Centre Bremen.

4 (b) Vikingbank/DESI auf Position 54-07N 008-46E, Ruder gebrochen, treiben in rauer See auf die Sände zu, benötigen sofortige Hilfe.

Vikingbank/DESI in position 54-07N 008-46E, rudder broken, drifting in rough sea towards the banks, require immediate assistance.

5 (a) Mensch über Bord auf Position 54-12N 012-03E um 2110 UTC. Schiffe in der Nähe werden gebeten, scharf Ausschau zu halten und der Seenotleitung Bremen zu berichten.

Person over board in position 54-12N 012-03E at 2110 UTC. Ships in vicinity are requested to keep sharp lookout and to report to Maritime Rescue Co-ordination Centre Bremen.

6 (b) M/S Kybfels/DEJM auf Position 48-28N 005-14W, habe starke Schlagseite nach Backbord, Schiffe in der Nähe bitte Position, Kurs und Geschwindigkeit für mögliche Hilfeleistung angeben.

M/V Kybfels/DEJM in position 48-28N 005-14W, heavy list to port side. Ships in vicinity please indicate position, course and speed for possible assistance.

7 (a) Rote Raketen beobachtet auf Position 55-16N 016-23E, rechtweisende Peilung 45 Grad, alle Schiffe in diesem Gebiet bitte scharf Ausschau halten und an MRCC Göteborg berichten.

Red rockets observed in position 55-16N 016-23E, true bearing of 45 degrees, all ships in this area please keep sharp lookout and report to MRCC Gothenburg.

8 (a) **Sturmwarnung für Skagerrak und Kattegat, West 8 bis 9, abnehmend 7, raue See, Schauer, mäßige bis schlechte Sicht.**

Gale warning for Skagerrak and Kattegat, west force 8 to 9, decreasing to force 7, rough sea, showers, moderate to poor visibility.

9 (b) M/S Gutenfels/DEEV auf Position 16-28S 174-51E, Wassereinbruch, Schiff befindet sich in kritischem Zustand, Schiffe in dem Gebiet werden gebeten, diese Position anzusteuern, um Hilfe zu leisten.

M/V Gutenfels/DEEV in position 16-28S 174-51E, flooding, ship is in critical condition, ships in area are requested to approach to this position for assistance.

10 (a) Um 0732 UTC Folgendes auf UKW-Kanal 16 empfangen: »MAYDAY Fjaellfjord/LGBX auf Position 54-14N 007-52E, Explosionen im Maschinenraum, 6 Personen verletzt, benötigen Hubschrauber und medizinische Hilfe«.

Following received at 0732 UTC on VHF channel 16: »MAYDAY Fjaellfjord/LGBX in position 54-14N 007-52E, explosion in engine room, 6 persons are injured, require helicopter and medical assistance«.

11 (b) M/S Undine/DCBY auf Position 54-32N 012-56E, Feuer in den Aufbauten, Schiffe in dem Gebiet werden gebeten, Hilfe bei der Brandabwehr zu leisten.

M/V Undine/DCBY in position 54-32N 012-56E, fire in superstructures, vessels in area are requested to assist in fire fighting.

12 (b) M/S Hanseatic/DABR auf Position 51-10N 003-45E, Schiff ist wegen defekter Ruderanlage manövrierunfähig, benötige Schlepperhilfe.

M/V Hanseatic/DABR in position 51-10N 003-45E, due to defective steering gear vessel is not under command, require tug assistance.

13 (b) Yacht Spiekeroog/DB8434 auf Position 12 sm südlich Kap Spartivento ist ein Besatzungsmitglied vom Mast gefallen und schwer verletzt, benötigen dringend ärztliche Hilfe, rechtweisender Kurs 275 Grad, Geschwindigkeit 13 Knoten.

Yacht Spiekeroog/DB8434 in position 12 nm south of Cape Spartivento, a crew member has fallen off the mast and is seriously injured, require urgent medical assistance, true course 275 degrees, speed 13 knots.

14 (b) Segelyacht Hadriane/DD2663 auf Position 54-38N 011-13E, Kollision mit Fischereifahrzeug Meyenburg/DCYJ, Yacht sinkt nach Wassereinbruch, benötigen sofortige Hilfe.

S/Y Hadriane/DD2663 in position 54-38N 011-13E, in collision with fishing vessel Meyenburg/DCYJ, yacht is sinking after flooding, require immediate assistance.

15 (a) Segelboot Rubin/OZMO, 12 m Länge, roter Rumpf und weiße Segel, zwei Personen an Bord, verließ Klintholm am 16. Juli um 0600 Ortszeit mit Bestimmungshafen Visby, ist bisher dort nicht eingetroffen, die Schifffahrt wird gebeten, scharf Ausschau zu halten und an Lyngby Radio zu berichten.

Sailing boat Rubin/OZMO, length 12 m, red hull and white sails, two persons on board, left Klintholm on July 16th at 0600 local time, bound for Visby and has not yet arrived there, shipping is requested to keep sharp lookout and to report to Lyngby Radio.

16 (b) Tazacorte/DCAX auf Position 53-54N 008-47E, Schiff brennt, Feuer nicht unter Kontrolle, benötige sofortige Hilfe.

Tazacorte/DCAX in position 53-54N 008-47E, vessel on fire, fire not under control, require immediate assistance.

17 (b) M/S Tete Oldendorff/DKOV auf Position 55-12N 005-08E, ein Besatzungsmitglied, 56 Jahre alt, ist bewusstlos. Verdacht auf Herzinfarkt, benötige dringend medizinische Hilfe per Hubschrauber.

M/V Tete Oldendorff/DKOV in position 55-12N 005-08E, a crew member, 56 years old, is unconscious, suspect of heart attack, require urgently medical assistance by helicopter.

18 (b) M/S Atlantica/DEAQ auf Position 55-23N 006-18E, Schiff treibt wegen Maschinenausfall manövrierunfähig in sehr schwerer See und hoher Dünung, benötige dringend Schlepperhilfe.

M/V Atlantica/DEAQ in position 55-23N 006-18E, due to engine trouble ship is not under command and drifting in very rough sea and high swell, require immediate tug assistance.

19 (a) Segelyacht Relaxe/SWLU, Beschreibung: Länge 40 Fuß, weißer Rumpf und weiße Aufbauten, braune Segel, unterwegs von Martinique zu den Azoren, seit dem 16. Januar überfällig. Schiffe, die sich auf dieser Route befinden, werden gebeten, scharf Ausschau zu halten und der US-Küstenwache zu berichten.

Sailing yacht Relaxe/SWLU, description: length 40 feet, white hull and white superstructure, brown sails underway from Martinique to the Azores overdue since January 16th, ships on this route are requested to keep sharp lookout and to report to US Coast Guard.

20 (b) Segelyacht Acatenanco/DB2932, auf Position 61-17N 004-28E, gebrochener Mast, Ruderschaden, Schiff treibt manövrierunfähig in schwerer See, benötigen Schlepperhilfe.

Sailing yacht Acatenanco/DB2932 in position 61-17N 004-28E, broken mast, damaged rudder, vessel is not under command, drifting in rough sea, require tug assistance.

21 (a) Im Vorhersagegebiet Dogger Bank starke westliche Winde zunehmend auf Sturmstärke 8 bis 9, später rechtdrehend, zeitweise Sprühregen, mäßige bis schlechte Sicht.

Forecast area Dogger Bank strong westerly winds increasing to gale force 8 to 9, veering later, drizzle at times, moderate to poor visibility.

22 (a) Auf der Position 43-00N 009-19W sind mehrere rot gestrichene 40-Fuß-Container gesichtet worden, ein Container mit der Aufschrift TEXASCON, Schiffe in diesem Gebiet werden gebeten, vorsichtig zu navigieren.

In position 43-00N 009-19W observed several drifting 40-feet-containers, red painted, one container marked with TEXASCON, ships in this area are requested to navigate carefully.

23 (b) M/S Xanthippe hat auf Position 51-28N 002-40E Anker verloren. Schiffe in dem Gebiet werden gebeten, dort weder zu ankern noch Fischereigeschirr zu nutzen.

M/V Xanthippe in position 51-28N 002-40E has lost anchor. Shipping in this area is requested neither to anchor nor to use fishing gear.

24 (a) Fahrwasser zwischen Den Helder und Den Oever, die Leucht-Heultonne MG 18 ist als verlöscht gemeldet. Die Schifffahrt in diesem Gebiet wird gebeten, vorsichtig zu navigieren.

Fairway between Den Helder and Den Oever light and whistle buoy MG 18 is reported unlit. Shipping in this area is requested to navigate with caution.

25 (a) Wettervorhersage für das Gebiet nördlich von Portugal: Regen oder Schauer, zeitweise Südwest 6, rasch zunehmend auf West 8, später rechtdrehend auf Nordwest Stärke 5.

Weather forecast for the area north of Portugal: rain or showers, at times southwest force 6 rapidly increasing to west force 8, veering to northwest force 5 later.

26 (a) Unterwasser-Kabelarbeiten werden bis zum 16. Februar durch M/S Leon Thevesin fortgeführt. Die Schifffahrt wird gebeten, mehr als 2 sm Abstand von der Position 33-55N 008-04W zu halten.

Underwater cable operations in progress until February 16th by M/V Leon Thevesin. Shipping is requested to keep a berth of more than 2 nm of position 33-55N 008-04W.

27 (a) Nautische Warnung. Westliche Ostsee. Verkehrstrennungsgebiet südlich Gedser. Austausch der Betonnung des Tieffahrwasserweges und des Verkehrstrennungsgebietes wird laut Nachrichten für Seefahrer 41/01 vom 28. Mai bis 03. Juni durchgeführt werden.

Navigational warning. Western Baltic (Sea): Traffic separation scheme south of Gedser. Replacement of buoyage of deep water lane and traffic separation scheme will be carried out from 28 May to 03 June according to German notices to mariners 41/01.

Fragenkatalog SRC

Nachfolgend ist der offizielle Fragenkatalog für die theoretische Prüfung zum Beschränkt Gültigen Funkbetriebszeugnis (SRC) abgedruckt. Der in der Prüfung vorgelegte Prüfungsbogen ist aus diesen Fragen zusammengestellt. Es gibt jeweils nur eine richtige Lösung pro Frage zum Ankreuzen.

Zum Zwecke der Übersicht ist in diesem Fragenkatalog die erste Antwort immer die richtige.

Für weitere Informationen in diesem Buch ist die entsprechende Seite in Klammern hinter der Frage angegeben. Die für die Anpassungsprüfung SRC (siehe Seite 159) relevanten Fragen sind mit einem (A) gekennzeichnet.

1. »Mobiler Seefunkdienst« ist mobiler Funkdienst ... (Seite 21)

- ☑ zwischen Küstenfunkstellen und Seefunkstellen bzw. zwischen Seefunkstellen untereinander
- ☐ zwischen tragbaren Funkstellen an Bord eines Seefahrzeuges
- ☐ ausschließlich zwischen Seefunkstellen
- ☐ zwischen Funkstellen, für die keine Zuteilung (Ship Station Licence) notwendig ist

2. Welche Funktion hat das »GMDSS« (Global Maritime Distress and Safety System)? (Seite 11)

- ☑ Hilfe in Seenotfällen und Sicherung der Schifffahrt durch schnelle und genaue Alarmierung im Seenotfall
- ☐ Koordinierung der Alarmierung von Seefunkstellen im Seenotfall
- ☐ Positionsbestimmung des Havaristen durch geostationäre Satelliten
- ☐ Störungsfreier Funkverkehr im Seenotfall

3. Zu welchem Zweck wurde das Weltweite Seenot- und Sicherheitsfunksystem (GMDSS) eingeführt? (Seite 11)

- ☑ Schnelle und genaue Alarmierung in Not-, Dringlichkeits- und Sicherheitsfällen
- ☐ Schnelle Alarmierung nur in Notfällen
- ☐ Schnelle und genaue Alarmierung in Not- und Dringlichkeitsfällen
- ☐ Schnelle und genaue Alarmierung in Not- und Sicherheitsfällen

4. Welche Aufgabe hat die Internationale Fernmeldeunion (International Telecommunication Union [ITU])?

- ☑ Die Internationale Fernmeldeunion (ITU) legt die grundlegenden Regelungen für die internationale Telekommunikation fest
- ☐ Die Internationale Fernmeldeunion (ITU) legt für alle Nationen der UN, die weltweit Seeschifffahrt betreiben, die Mindeststandards hinsichtlich der Funkausrüstung von Seeschiffen fest.
- ☐ Die Internationale Fernmeldeunion (ITU) führt als internationale Verkehrsbehörde weltweit die Überwachung des Funkverkehrs durch
- ☐ Die Internationale Fernmeldeunion (ITU) rechnet die Gebühren von weltweiten Seefunkgesprächen ab

5. Was regelt die Vollzugsordnung für den Funkdienst (VO Funk, engl. Radio Regulations [RR])?

- ☑ Die Vollzugsordnung für den Funkdienst (RR) regelt u. a. die Zuweisung von Frequenzbereichen an die Funkdienste und die Betriebsverfahren im Seefunkdienst
- ☐ Die Vollzugsordnung für den Funkdienst (RR) regelt die Ausrüstung von Seeschiffen bezüglich der Funkeinrichtung
- ☐ Die Vollzugsordnung für den Funkdienst (RR) regelt den freien Funkverkehr zwischen den Seefahrt betreibenden Nationen
- ☐ Die Vollzugsordnung für den Funkdienst (RR) regelt die Benutzung von Radaranlagen auf Seeschiffen auf See und in Häfen

6. (A) Welche Publikationen des Bundesamtes für Seeschifffahrt und Hydrographie (BSH) enthalten speziell für die Sportschifffahrt Informationen zum Seefunk? (Seite 26)

- ☑ Funkdienst für die Klein- und Sportschifffahrt
- ☐ Nautisches Jahrbuch
- ☐ Nachrichten für Seefahrer
- ☐ Mitteilung für Seefunkstellen und Schiffsfunkstellen

7. Was ist eine »Küstenfunkstelle«?

- ☑ Ortsfeste Funkstelle des mobilen Seefunkdienstes
- ☐ Funkstelle an Bord eines Schiffes im Küstenbereich, über die wichtige Informationen für die Seeschifffahrt verbreitet werden
- ☐ Funkstelle des Rundfunkdienstes zur Übermittlung von Wetternachrichten für die Schifffahrt
- ☐ Funkstelle an Bord eines Schiffes für den Empfang von Funkgesprächen aus dem Mobilfunknetz

8. (A) Was bedeutet »öffentlicher Funkverkehr«? (Seite 19)

- ☑ Funkverkehr, der der Allgemeinheit zum Austausch von Nachrichten dient
- ☐ Funkverkehr, der im Gegensatz zum nichtöffentlichen Funkverkehr unverschlüsselt abgewickelt wird
- ☐ Funkverkehr, der von jeder Seefunkstelle abgehört werden muss
- ☐ Funkverkehr, der nicht dem Fernmeldegeheimnis und dem Abhörverbot unterliegt

9. (A) Für die Teilnahme am öffentlichen Funkverkehr ist - im Gegensatz zur Teilnahme am Nicht-öffentlichen Funkverkehr - zusätzlich erforderlich ... (Seite 19)

- ☑ Vertrag mit einer Abrechnungsgesellschaft
- ☐ Besitz eines Seefunkzeugnisses
- ☐ Zulassung des Funkgeräts
- ☐ Zuteilung (Ship Station Licence)

10. Wodurch erfährt eine Seefunkstelle von einer Küstenfunkstelle, dass dort Nachrichten für sie vorliegen? (Seite 21)

- ☑ Individuelle Benachrichtigung oder Abhören von Sammelanrufen
- ☐ Individuelle Benachrichtigung durch die Abrechnungsgesellschaft
- ☐ Individuelle Benachrichtigung mittels SMS oder E-Mail
- ☐ Öffentliche Benachrichtigung mittels NAVTEX

11. (A) Was sind die Abrechnungsgrundlagen für ein Seefunkgespräch über eine deutsche Küstenfunkstelle?

- ☑ Gesprächsdauer und Preis der Verrechnungseinheiten
- ☐ Gesprächsdauer und Entfernung zur Küstenfunkstelle
- ☐ Gesprächsdauer und Frequenznutzungsgebühren
- ☐ Gesprächsdauer und Dringlichkeit des Gesprächs

12. (A) Was ist eine »Sea-Area« im GMDSS? (Seite 11)

- ☑ Festgelegtes Seegebiet
- ☐ International festgelegtes Seewarngebiet
- ☐ Im NAVTEX bestimmtes Seegebiet
- ☐ Weltweites Raster zum schnellen Auffinden von verunglückten Fahrzeugen

13. Welche Bezeichnung tragen die Seegebiete, in denen für Schiffe eine bestimmte Funkausrüstung international vorgeschrieben ist? (Seite 10)

- ☑ A1, A2, A3, A4
- ☐ A, B, C, D
- ☐ NAVAREAS
- ☐ Küstengewässer, küstennahe Seegewässer, hohe See

14. Eine Yacht befindet sich in einem Seegebiet, das von der Sprechfunkreichweite einer UKW-Küstenfunkstelle abgedeckt wird, die ununterbrochen für DSC-Alarmierungen zur Verfügung steht. In welchem Seegebiet befindet sich das Fahrzeug? (Seite 10)

- ☑ Seegebiet A1
- ☐ Seegebiet A2
- ☐ Seegebiet A3
- ☐ Seegebiet A4

15. Welches sind die satellitengestützten Alarmierungssysteme im Weltweiten Seenot- und Sicherheitsfunksystem (GMDSS)? (Seite 11)

- ☑ COSPAS-SARSAT, Inmarsat
- ☐ Eutelsat, Globalstar
- ☐ EPIRB, AIS
- ☐ DSC, COSPAS-SARSAT

16. Was wird als »MSI« bezeichnet? (Seite 48)

- ☑ Nachricht, die die Sicherheit der Seeschifffahrt betrifft
- ☐ Rufnummer im Seefunkdienst (Maritime Mobile Service Identity)
- ☐ Mittlere Signalstärke des modulierten Eingangssignals
- ☐ Landeskennung einer Seefunkstelle

17. (A) Welche Aussendung wird als »WX« bezeichnet? (Seite 48)

- ☑ Wetterbericht
- ☐ Nautische Warnnachricht
- ☐ Aussendung, die zurückgenommen wurde
- ☐ Funktelexaussendung im GMDSS

18. (A) Welche Aussendung wird als »NX« bezeichnet? (Seite 48)

- ☑ Nautische Warnnachricht
- ☐ Wetterbericht
- ☐ Aussendung, die zurückgenommen wurde
- ☐ Funktelexaussendung im GMDSS

19. (A) Was versteht man unter »AIS«? (Seite 50)

- ☑ Automatisches Schiffsidentifizierungs- und Überwachungssystem, das statische und dynamische Schiffsdaten auf UKW überträgt
- ☐ Automatische Aussendung der Kennung eines Seeschiffes jede Minute bzw. beim Loslassen der Sprechtaste
- ☐ Allgemeines Informationssystem für die Seeschifffahrt
- ☐ Identifizierung eines Schiffes mithilfe von Radarpeilungen und deren Weitergabe an die Schifffahrt zur Kollisionsverhütung

20. (A) Was bedeutet »ETA«?

- ☑ Voraussichtliche Ankunftszeit
- ☐ Voraussichtliche Abfahrtszeit
- ☐ Voraussichtliche Gesamtfahrtzeit
- ☐ Voraussichtliche Restfahrtzeit

21. Wonach richten sich die Zeitangaben im Seefunkdienst?

- ☑ Koordinierte Weltzeit (Universal Time Co-ordinated [UTC])
- ☐ Bordzeit, berichtigt nach Sommer- und Winterzeit
- ☐ Greenwich-Zeit (Greenwich Mean Time [GMT])
- ☐ Ortszeit, bezogen auf den Standort des Schiffes (Local Time [LT])

22. (A) Welche Bedeutung hat die Zeitangabe »LT« (Local Time)?

- ☑ Ortszeit, bezogen auf den Standort des Schiffes
- ☐ Zeitzone entsprechend der geografischen Breite des Schiffsortes
- ☐ Zeit, die bei Funkaussendungen in einem bestimmten Seegebiet zu verwenden ist
- ☐ Zeit, die automatisch durch ein an die Funkanlage angeschlossenes GPS-Gerät übermittelt wird

23. (A) Wie bezeichnet man ein funkärztliches Beratungsgespräch? (Seite 25)

- ☑ Medico-Gespräch
- ☐ Emergency-Gespräch
- ☐ Medical-Transport-Gespräch
- ☐ Erste-Hilfe-Gespräch

24. Was ist eine »Seefunkstelle«?

☑ Funkstelle des mobilen Seefunkdienstes an Bord eines nicht dauernd verankerten Seefahrzeuges
☐ Typgeprüfte Funkstelle, die kein ATIS-Signal aussendet
☐ Seefunkgerät samt Antenne, das im UKW- bzw. Grenz- und Kurzwellenbereich betrieben wird
☐ Funkstelle, die am GMDSS teilnehmen darf

25. (A) Welches Funkzeugnis ist auf einem mit einer Seefunkanlage ausgerüsteten Sportfahrzeug unter deutscher Flagge für den Schiffsführer vorgeschrieben? (Seite 17)

☑ Ein Funkzeugnis, das zum Bedienen der eingebauten Anlage berechtigt, z. B. SRC oder LRC
☐ Ein SRC bis zur Grenze der Hoheitsgewässer, darüber hinaus ein LRC
☐ Keines, es genügt, wenn eine Person an Bord ist, die die Funkanlage bedienen darf
☐ Für die Bedienung einer Grenz-/Kurzwellenanlage ist das LRC vorgeschrieben, für die Bedienung einer UKW-Anlage zusätzlich das SRC

26. (A) Welche Funkanlage darf der Inhaber eines Beschränkt Gültigen Funkbetriebszeugnisses (Short Range Certificate [SRC]) bedienen? (Seite 17)

☑ UKW-Funkanlagen im Seefunkdienst auf nicht funkausrüstungspflichtigen Fahrzeugen und auf Traditionsschiffen
☐ UKW-Funkanlagen für See-Luftfunkstellen
☐ UKW-Funkanlagen auf Sportbooten im Seefunkdienst und Binnenschifffahrtsfunk
☐ UKW-Funkanlagen auf funkausrüstungspflichtigen und nicht funkausrüstungspflichtigen Seeschiffen

27. (A) Welche Sportboote müssen mit einer UKW-Seefunkanlage ausgerüstet sein?[1] (Seite 17)

☑ Gewerbsmäßig genutzte Sportboote mit einer Länge über alles von 12 m und mehr
☐ Sportboote mit einer Länge über alles von 12 m und mehr
☐ Sportboote mit einer Antriebsmaschine von 3,68 kW und mehr
☐ Gewerbsmäßig genutzte Sportboote mit einer Antriebsmaschine von 3,68 kW und mehr

28. Welche rechtlichen Voraussetzungen sind für den Betrieb einer Seefunkstelle auf einem Sportfahrzeug und einem Traditionsschiff zu erfüllen? (Seite 18)

☑ Zuteilung (Ship Station Licence) für den Seefunkdienst zugelassene oder in Verkehr gebrachte Funkgeräte, ausreichendes Seefunkzeugnis des Fahrzeugführers
☐ Zuteilung (Ship Station Licence), ausreichendes Seefunkzeugnis und Sportbootführerschein des Fahrzeugführers
☐ Zuteilung (Ship Station Licence), ausreichendes Seefunkzeugnis einer Person an Bord
☐ Zuteilung (Ship Station Licence) für den Seefunkdienst zugelassene oder in Verkehr gebrachte Funkgeräte, Sportbootführerschein

29. Welche Urkunde und welcher Befähigungsnachweis müssen bei der Überprüfung einer Seefunkstelle auf einem Sportfahrzeug dem Prüfbeamten auf Verlangen vorgelegt werden? (Seite 18)

☑ Zuteilung (Ship Station Licence) und Seefunkzeugnis des Fahrzeugführers
☐ Zuteilung (Ship Station Licence) und Sportbootführerschein des Fahrzeugführers
☐ Seefunkzeugnis eines Besatzungsmitgliedes und Internationaler Bootsschein (IBS)
☐ Seefunkzeugnis des Fahrzeugführers und Eigentumsnachweis

---

1 Abhängig vom Fahrgebiet müssen gewerbsmäßig genutzte Sportboote ab einer Länge von acht Metern mit einer UKW-Seefunkanlage ausgestattet sein. Für Charterschiffe gilt eine Ausrüstungspflicht ab einer Länge von zwölf Metern.

30. (A) Die Urkunde über die Zuteilung (Ship Station Licence) zum Betreiben einer Seefunkstelle wird in Deutschland ausgestellt durch ... (Seite 13)

- ☑ die Bundesnetzagentur (BNetzA), Außenstelle Hamburg
- ☐ die Bundesnetzagentur (BNetzA), Außenstelle Mühlheim an der Ruhr
- ☐ das Bundesamt für Seeschifffahrt und Hydrographie (BSH), Rostock
- ☐ das Wasser- und Schifffahrtsamt, Hamburg

31. Welche Urkunde für die Seefunkstelle muss auf einem Sportfahrzeug mitgeführt werden? (Seite 13)

- ☑ Zuteilungsurkunde (im Original)
- ☐ Zuteilungsurkunde (in Kopie)
- ☐ Gerätezulassungsurkunde (im Original)
- ☐ Gerätezulassungsurkunde (in Kopie)

32. (A) Was und zu welchem Zweck muss ein Schiffseigner bei Änderung des Schiffsnamens in Bezug auf seine Seefunkstelle veranlassen? (Seite 13)

- ☑ Namensänderung der Bundesnetzagentur schriftlich mitteilen zwecks Änderung seiner Zuteilungsurkunde (Ship Station Licence)
- ☐ Namensänderung dem Bundesamt für Seeschifffahrt und Hydrographie schriftlich mitteilen zwecks Änderung der Gerätezulassungsurkunde
- ☐ Namensänderung dem Wasser- und Schifffahrtsamt, Hamburg, schriftlich mitteilen zwecks Änderung des Kennzeichenausweises
- ☐ Namensänderung der Zentralen Verwaltungsstelle schriftlich mitteilen zwecks Änderung des Kennzeichenausweises

33. (A) Was muss ein Schiffseigner beim Austausch der UKW-Sprechfunkanlage gegen eine UKW-GMDSS-Funkanlage veranlassen? (Seite 13)

- ☑ Schriftliche Mitteilung über die Umrüstung an die Bundesnetzagentur
- ☐ Schriftliche Mitteilung über die Umrüstung an das Bundesamt für Seeschifffahrt und Hydrographie
- ☐ Schriftliche Mitteilung über die Umrüstung an das Amtsgericht
- ☐ Schriftliche Mitteilung über die Umrüstung an die Zentrale Verwaltungsstelle

34. Was ist beim Kauf eines UKW-Sprechfunkgeräts für den Seefunkdienst oder eines UKW-GMDSS-Funkgeräts zu beachten? (Seite 18)

- ☑ Das Funkgerät muss für den Seefunkdienst zugelassen oder in Verkehr gebracht worden sein
- ☐ Das Funkgerät muss funktionsfähig und TÜV-geprüft sein
- ☐ Das Funkgerät muss eine NAVTEX-Schnittstelle aufweisen oder Wetterberichte empfangen können
- ☐ Das Funkgerät muss von der Dienststelle Schiffssicherheit der Berufsgenossenschaft Verkehrswirtschaft Post-Logistik Telekommunikation (BG Verkehr) für Sportboote zugelassen sein

35. (A) Wer stellt in Deutschland Funksicherheitszeugnisse für Sportboote aus, die gewerbsmäßig genutzt werden? (Seite 17)

- ☑ Dienststelle Schiffssicherheit der Berufsgenossenschaft Verkehrswirtschaft Post-Logistik Telekommunikation (BG Verkehr)
- ☐ Bundesamt für Seeschifffahrt und Hydrographie (BSH)
- ☐ Wasser- und Schifffahrtsverwaltung (WSV)
- ☐ Bundesnetzagentur (BNetzA)

36. (A) Ein Sportboot von 12 m Länge und mehr benötigt ein Funksicherheitszeugnis … (Seite 17)

- ☑ bei gewerbsmäßiger Nutzung
- ☐ bei Regattateilnahme
- ☐ bei Auslandsfahrten und in internationalen Gewässern
- ☐ in jedem Fall

37. Welche Sendeleistungen lassen sich bei einer fest installierten UKW-Seefunkanlage schalten? (Seite 34)

- ☑ 1 Watt oder maximal 25 Watt
- ☐ 25 Watt oder maximal 50 Watt
- ☐ 0,1 Watt oder maximal 2,5 Watt
- ☐ 1 Watt oder maximal 12 Watt

38. (A) Welche Behörde erteilt in Deutschland sechsstellige Rufzeichen für Seefunkstellen? (Seite 15)

- ☑ Bundesnetzagentur (BNetzA), Außenstelle Hamburg
- ☐ Bundesnetzagentur (BNetzA), Außenstelle Mülheim an der Ruhr
- ☐ Bundesamt für Seeschifffahrt und Hydrographie (BSH), Hamburg
- ☐ Wasser- und Schifffahrtsamt (WSA), Hamburg

39. (A) Welche Behörden in Deutschland sind berechtigt, die Funktionsfähigkeit von Seefunkstellen zu überprüfen?[2] (Seite 18)

- ☑ Bundesnetzagentur (BNetzA) und Bundesamt für Seeschifffahrt und Hydrographie (BSH)
- ☐ Wasser- und Schifffahrtsdirektionen
- ☐ Wasserschutzpolizeibehörden der Küstenländer
- ☐ Hafenbehörden in den Seehäfen

40. (A) Welche Behörde teilt einer in das Seeschiffsregister eingetragenen Yacht das mindestens vierstellige Unterscheidungssignal zu?[2] (Seite 15)

- ☑ Seeschiffsregister des zuständigen Amtsgerichts
- ☐ Wasser- und Schifffahrtsverwaltung (WSV)
- ☐ Bundesnetzagentur (BNetzA)
- ☐ Bundesamt für Seeschifffahrt und Hydrographie (BSH)

41. (A) Welche Art von Funkstelle hat z. B. das Rufzeichen »DDTW«? (Seite 15)

- ☑ Seefunkstelle an Bord eines deutschen Schiffes, eingetragen in einem Seeschiffsregister
- ☐ Küstenfunkstelle des Schiffsmeldedienstes (SMD)
- ☐ Funkstelle des Nichtöffentlichen Funkdienstes
- ☐ Funkstelle an Bord eines SAR-Hubschraubers

42. (A) Das Abhörverbot und das Fernmeldegeheimnis sind geregelt …[3] (Seite 20)

- ☑ im Telekommunikationsgesetz (TKG)
- ☐ in der Vollzugsordnung für den Funkdienst (VO Funk)/in den Radio Regulations (RR)
- ☐ in der Schiffsicherheitsverordnung (SchSV)
- ☐ im Gesetz über Funkanlagen und Telekommunikationseinrichtungen (FTEG)

2 Die Wasser- und Schifffahrtsdirektionen (WSD) wurden im Zuge der im Mai 2013 erfolgten Umstrukturierung der Wasser- und Schifffahrtsverwaltung des Bundes Außenstellen der neu geschaffenen Generaldirektion Wasserstraßen und Schifffahrt (GDWS)

3 Das Telekommunikation-Telemedien-Datenschutz-Gesetz (TTDSG) ersetzt die seitherigen Datenschutzregelungen des Telekommunikationsgesetzes (TKG) und des Telemediengesetzes (TMG), die mit dem TTDSG an die DSGVO angepasst werden. Der Begriff »TKG« behält im Fragenkatalog bis zur offiziellen Überarbeitung weiterhin Gültigkeit.

43. (A) Wer ist beim Betrieb einer Seefunkstelle auf einem Sportboot zur Wahrung des Fernmeldegeheimnisses und des Abhörverbotes verpflichtet? (Seite 18)

- ☑ Alle Personen, die eine Seefunkstelle beaufsichtigen, bedienen oder Kenntnis über öffentlichen Nachrichtenaustausch erlangt haben
- ☐ Alle Personen, die ständig an Bord sind
- ☐ Alle Personen, die das Funkgerät bedienen können
- ☐ Alle Personen, die vom Schiffsführer ausdrücklich dazu verpflichtet worden sind

44. Welche Nachrichten dürfen uneingeschränkt aufgenommen und verbreitet werden? (Seite 18)

- ☑ Aussendungen, die »An alle Funkstellen« gerichtet sind
- ☐ Aussendungen, die von allgemeinem Interesse sind
- ☐ Aussendungen im öffentlichen Seefunkdienst
- ☐ Aussendungen im Seefunkdienst dürfen uneingeschränkt aufgenommen und verbreitet werden

45. (A) Wenn ein Funkgerät ordnungsgemäß in Verkehr gebracht worden ist, trägt es … (Seite 13)

- ☑ das CE-Zeichen
- ☐ eine Seriennummer
- ☐ das GS-Prüfzeichen
- ☐ das VDE-Prüfzeichen

46. (A) Zur Teilnahme am Binnenschifffahrtsfunk muss eine Seefunkstelle …

- ☑ mit einer umschaltbaren »Kombi-Anlage für Seefunkdienst und Binnenschifffahrtsfunk« oder einer zusätzlichen Sprechfunkanlage für den Binnenschifffahrtsfunk ausgerüstet werden
- ☐ mit einer weiteren Seefunkanlage ausgerüstet werden
- ☐ nicht geändert werden
- ☐ mit der MMSI auch eine ATIS-Kennung aussenden

47. Das Seefunkgerät nimmt bei Empfang einen Strom von 0,5 Ampere auf. Wie lange kann das Funkgerät im Empfangsbetrieb an einer Batterie ohne Nachladen überschlägig betrieben werden, wenn die Kapazität 60 Amperestunden beträgt? (Seite 57)

- ☑ 120 Stunden
- ☐ 30 Stunden
- ☐ 60 Stunden
- ☐ 90 Stunden

48. Welche Auswirkung auf die Betriebsdauer einer Batterie hat der Sendebetrieb einer Seefunkanlage im Vergleich zum Empfangsbetrieb? (Seite 57)

- ☑ Betriebsdauer wird verkürzt
- ☐ Betriebsdauer wird halbiert
- ☐ Betriebsdauer wird verlängert
- ☐ Betriebsdauer bleibt gleich

49. Wie hoch ist die mittlere Stromaufnahme einer UKW-Seefunkanlage im Empfangsbetrieb? (Seite 57)

- ☑ Je nach Anlage zwischen 0,3 A und 1 A
- ☐ Je nach Anlage zwischen 0,1 A und 0,2 A
- ☐ Je nach Anlage zwischen 1 A und 2 A
- ☐ Je nach Anlage zwischen 2 A und 3 A

50. Wie hoch ist die mittlere Stromaufnahme einer UKW-Seefunkanlage im Sendebetrieb bei 25 Watt Sendeleistung? (Seite 59)

- ☑ Zwischen 4 A und 8 A
- ☐ Zwischen 1 A und 2 A
- ☐ Zwischen 2 A und 3 A
- ☐ Zwischen 10 A und 12 A

51. Wozu dient am UKW-Gerät die Rauschsperre (Squelch)? (Seite 41)

- ☑ Der Lautsprecher des Empfängers wird nur ab einem Mindest-Empfangssignalpegel aktiviert
- ☐ Das Rauschen kann stufenlos auf einen angenehmen Wert eingestellt werden
- ☐ Die Rauschsperre verbessert die Wiedergabe von schwachen Empfangssignalen
- ☐ Der Lautsprecher des Empfängers wird nur beim Empfang von Notsignalen aktiviert

52. Welche Eigenschaften des »GPS« sind für eine GMDSS-Funkanlage von besonderer Bedeutung? (Seite 38)

- ☑ Mithilfe von GPS kann die genaue Position des Fahrzeugs bestimmt und übermittelt werden. Ebenso kann die genaue Zeit bestimmt werden
- ☐ Mithilfe von GPS ist ein weltweiter Funkverkehr über Satellit zwischen Schiffen untereinander bzw. mit Küstenfunkstellen möglich
- ☐ Mithilfe von GPS besteht die Möglichkeit der Kommunikation über Inmarsat bzw. COSPAS-SARSAT
- ☐ Mithilfe von GPS erfolgt die Kommunikation mit der Rettungsleitstelle über Satellit

53. Was bedeutet »DSC« im mobilen Seefunkdienst? (Seite 35)

- ☑ Digitaler Selektivruf
- ☐ Funküberwachung auf zwei Funkkanälen (Dual Watch)
- ☐ Gegensprechen auf zwei Frequenzen im Gegensatz zu Wechselsprechen auf einer Frequenz
- ☐ Digitales System für die Telekommunikation an Bord

54. Was ist ein »Digitaler Selektivruf«? (Seite 41)

- ☑ Digitale Aussendung, die bei der gerufenen Funkstelle ein optisches und/oder akustisches Signal auslöst
- ☐ Aussendung eines digitalen Anrufs auf Kanal 16
- ☐ Funkaussendung an eine ausgewählte Funkstelle
- ☐ Funkverkehr im GMDSS auf den dafür vorgesehenen Kanälen

55. Welches technische Verfahren im GMDSS ermöglicht einer Seefunkstelle die Verkehrsaufnahme in den Richtungen Schiff-Küstenfunkstelle und Schiff-Schiff? (Seite 35)

- ☑ DSC
- ☐ NAVTEX
- ☐ COSPAS-SARSAT
- ☐ SMS

56. Welcher Unterschied besteht in der Reichweite bei analoger (Sprechfunk) und bei digitaler Übertragung (DSC) im UKW-Seefunkbereich? (Seite 41)

- ☑ Bei digitaler Übertragung deutlich größere Reichweite im Vergleich zur analogen Übertragung
- ☐ Bei digitaler Übertragung besteht kein Unterschied im Vergleich zur analogen Übertragung
- ☐ Bei digitaler Übertragung vierfache Reichweite im Vergleich zur analogen Übertragung
- ☐ Bei digitaler Übertragung kürzere Reichweite im Vergleich zur analogen Übertragung

57. Welcher UKW-Kanal wird im Weltweiten Seenot- und Sicherheitsfunksystem (GMDSS) für die digitale Ankündigung einer Dringlichkeitsmeldung benutzt? (Seite 52)

- ☑ Kanal 70
- ☐ Kanal 16
- ☐ Kanal 10
- ☐ Kanal 06

58. Auf welchem UKW-Kanal erfolgt die Alarmierung mittels DSC? (Seite 52)

- ☑ Kanal 70
- ☐ Kanal 16
- ☐ Kanal 06
- ☐ Kanal 10

59. Wie wird eine mit DSC-Einrichtungen ausgerüstete Seefunkstelle gekennzeichnet? (Seiten 15, 16)

- ☑ Schiffsname, Rufzeichen, Rufnummer des mobilen Seefunkdienstes (MMSI)
- ☐ Rufnummer des mobilen Seefunkdienstes (MMSI), Schiffsname
- ☐ Schiffsname, Heimathafen, Rufzeichen
- ☐ Registriernummer des Schiffszertifikates, Rufzeichen

60. Der mit einem DSC-Gerät aufgenommene Notalarm wird ... (Seite 41)

- ☑ automatisch gespeichert
- ☐ manuell gespeichert
- ☐ gespeichert, wenn im Speicher noch genügend Platz ist
- ☐ nicht gespeichert, sondern ausgedruckt

61. Was wird als »Maritime Mobile Service Identity (MMSI)« bezeichnet? (Seite 16)

- ☑ Rufnummer im Seefunkdienst
- ☐ Maritimes Informationssystem
- ☐ Landeskennung einer Seefunkstelle (z.B. 211)
- ☐ Aussendung, die die Sicherheit der Schifffahrt betrifft

62. Wie lauten die Maritime Identification Digits (MID) für die Bundesrepublik Deutschland? (Seite 16)

- ☑ 211 und 218
- ☐ 211 und 219
- ☐ 218 und 224
- ☐ 218 und 226

63. Welche Urkunde enthält die eigene Seefunkstellen-Rufnummer (MMSI)? (Seite 18)

- ☑ Zuteilungsurkunde (Ship Station Licence)
- ☐ Gerätezulassungsurkunde
- ☐ Internationaler Bootsschein
- ☐ Schiffszertifikat

64. Wie setzt sich die Seefunkstellen-Rufnummer (MMSI) zusammen? (Seite 16)

- ☑ Neun Ziffern, wobei die ersten drei Ziffern die Seefunkkennzahl (MID) enthalten
- ☐ Drei Buchstaben und sechs Ziffern
- ☐ Sieben Ziffern, wobei die ersten beiden Ziffern Nullen sein müssen
- ☐ Neun Ziffern, wobei die erste Ziffer eine Null ist

65. Wie setzt sich die Küstenfunkstellen-Rufnummer (MMSI) zusammen? (Seite 16)

- ☑ Neun Ziffern, die ersten beiden Ziffern Nullen, die nächsten drei Ziffern enthalten die Seefunkkennzahl (MID)
- ☐ Neun Ziffern, die ersten drei Ziffern enthalten die Seefunkkennzahl (MID)
- ☐ Geografischer Ortsname der Küstenfunkstelle, gefolgt von drei Ziffern, die die Seefunkkennzahl (MID) bilden
- ☐ Internationale Telefon-Vorwahlnummer des Landes, in dem sich die Küstenfunkstelle befindet, gefolgt von fünf besonders festgelegten Ziffern

66. Welche Art von Funkstelle des Seefunkdienstes kennzeichnet die Ziffernfolge 002111240? (Seite 16)

- ☑ Deutsche Küstenfunkstelle
- ☐ Deutsche Seefunkstelle
- ☐ Deutsches SAR-Fahrzeug
- ☐ Deutsche EPIRB

67. Woran ist die Nationalität der Seefunkstelle in der MMSI erkennbar? (Seite 16)

- ☑ Seefunkkennzahl (MID)
- ☐ Länderkennung, bestehend aus drei Buchstaben
- ☐ Letzte drei Ziffern der MMSI
- ☐ Mittlere drei Ziffern der MMSI

68. Durch die Verbindung mit welchem Gerät ist gewährleistet, dass bei einem DSC-Notalarm die aktuelle Position automatisch mit ausgesendet wird? (Seite 38)

- ☑ GPS-Empfänger
- ☐ NAVTEX-Empfänger
- ☐ Radargerät
- ☐ UKW-Wachempfänger

69. Wie wird der Frequenzbereich von 30 bis 300 MHz bezeichnet? (Seite 31)

- ☑ Ultrakurzwelle (UKW/VHF)
- ☐ Langwelle (LW/LF)
- ☐ Mittelwelle (MW/MF)
- ☐ Kurzwelle (KW/HF)

70. (A) Welches Funkzeugnis muss der Führer eines Sportfahrzeugs oder Traditionsschiffes, das mit einer UKW-Seefunkstelle ausgerüstet ist, mindestens besitzen, um am GMDSS teilnehmen zu können? (Seite 17)

- ☑ Beschränkt Gültiges Funkbetriebszeugnis (Short Range Certificate)
- ☐ Allgemeines Sprechfunkzeugnis für den Seefunkdienst
- ☐ UKW-Sprechfunkzeugnis für den Binnenschifffahrtsfunk
- ☐ Allgemeines Betriebszeugnis für Funker (General Operator's Certificate)

71. (A) An welchem Funkdienst darf der Inhaber eines Beschränkt Gültigen Funkbetriebszeugnisses (SRC) teilnehmen?

- ☑ Mobiler Seefunkdienst auf UKW/VHF
- ☐ Mobiler Seefunkdienst auf Ultrakurzwelle (UKW/VHF) einschließlich Satellitenfunk
- ☐ Mobiler Seefunkdienst auf Kurzwelle (KW/HF) und Grenzwelle (GW/MF), außer Satellitenfunk
- ☐ Mobiler Seefunkdienst auf Ultrakurzwelle (UKW/VHF) einschließlich Grenzwelle/Kurzwelle

72. Was kennzeichnet die Betriebsart »Duplex«? (Seite 55)

- ☑ Gegensprechen auf zwei Frequenzen
- ☐ Wechselsprechen auf einer Frequenz
- ☐ Gegensprechen auf einer Frequenz
- ☐ Wechselsprechen auf zwei Frequenzen

73. Was kennzeichnet die Betriebsart »Simplex«? (Seite 55)

- ☑ Wechselsprechen auf einer Frequenz
- ☐ Gegensprechen auf einer Frequenz
- ☐ Wechselsprechen auf zwei Frequenzen
- ☐ Gegensprechen auf zwei Frequenzen

74. Welche Betriebsart wird als »Semi-Duplex« bezeichnet? (Seite 55)

- ☑ Wechselsprechen auf zwei Frequenzen
- ☐ Gegensprechen auf zwei Frequenzen
- ☐ Gegensprechen auf einer Frequenz
- ☐ Wechselsprechen auf einer Frequenz

75. Welche UKW-Kanäle sind international ausschließlich für den Funkverkehr zwischen Seefunkstellen vorgesehen? (Seiten 51, 52)

- ☑ Kanäle 06, 08, 72 und 77
- ☐ Kanäle 15 und 17
- ☐ Kanäle 16, 69, 70 und 82
- ☐ Kanäle 16, 18, ersatzweise 70

76. Für welchen Funkverkehr dürfen die UKW-Kanäle 75 und 76 benutzt werden? (Seite 52)

- ☑ Funkverkehr, der ausschließlich die Navigation betrifft
- ☐ Funkverkehr, der ausschließlich See-Land-Verbindungen betrifft
- ☐ Funkverkehr unter Behördenfahrzeugen
- ☐ Funkverkehr, der ausschließlich Land-See-Verbindungen betrifft

77. Atmosphärische Störungen des Funkverkehrs sind ...

- ☑ im Seefunkverkehr im VHF-Bereich kein Problem
- ☐ im Seefunkverkehr im VHF-Bereich ein großes Problem
- ☐ gleichzeitig im VHF-Bereich und beim NAVTEX-Empfang vorhanden
- ☐ im VHF-Bereich nur bei Verwendung von nicht vertikal angebrachten Antennen vorhanden

78. Wie breiten sich Ultrakurzwellen (UKW/VHF) aus? (Seiten 31, 32)

- ☑ Geradlinig und quasioptisch
- ☐ Abhängig von der Wetterlage
- ☐ Der Erdkrümmung folgend bis weit hinter den Horizont
- ☐ In der Ionosphäre reflektiert

79. Wie werden die internationalen Kanäle im UKW-Seefunkbereich bezeichnet? (Seite 56)

- ☑ Kanal 1 bis 28 und 60 bis 88
- ☐ Kanal 1 bis 20 und 68 bis 88
- ☐ Kanal 1 bis 28 und 60 bis 87
- ☐ Kanal 1 bis 28 und 68 bis 88

80. Wovon hängt die Reichweite einer UKW-Funkanlage hauptsächlich ab? (Seite 33)

- ☑ Antennenhöhe
- ☐ Bordnetzspannung
- ☐ Tageszeit
- ☐ Wetter

81. Wie sollen UKW-Antennen ausgerichtet werden? (Seite 35)

- ☑ Vertikal
- ☐ Horizontal
- ☐ Radial
- ☐ Diagonal

82. Wodurch kann die Abstrahlung der Sendeenergie einer UKW-Anlage auf einem Schiff wesentlich beeinträchtigt werden? (Seite 35)

- ☑ Metallische Gegenstände in der Nähe der Antenne
- ☐ Schräglage des Schiffes
- ☐ Metallische Gegenstände in der Nähe des Antennenkabels
- ☐ Wetter

83. Was hat keinen Einfluss auf die Reichweite eines UKW-Handsprechfunkgerätes?

- ☑ Schlechtes Wetter
- ☐ Niedrige Antennenhöhe
- ☐ Geringer Ladezustand des Akkus
- ☐ Geringe Sendeleistung

84. Ist das Senden auf UKW in ausländischen Häfen gestattet?

- ☑ Abhängig von entsprechenden Vorschriften des Landes
- ☐ Es ist immer gestattet
- ☐ Nur am Tage, in der Nacht herrscht Funkstille
- ☐ Außer in Notfällen ist es überall verboten

85. Wie ist die Rangfolge der Aussendungen im Seefunkdienst festgelegt? (Seite 64)

- ☑ Not, Dringlichkeit, Sicherheit, Routine
- ☐ Not, Sicherheit, Dringlichkeit, Routine
- ☐ Routine, Sicherheit, Dringlichkeit, Not
- ☐ Routine, Dringlichkeit, Sicherheit, Not

86. Welche Vorkommnisse im Seefunkdienst sollen im Schiffstagebuch dokumentiert werden?

- ☑ Der Not-, Dringlichkeits- und Sicherheitsverkehr sowie wichtige Vorkommnisse, die den Seefunkdienst betreffen
- ☐ Der Not-, Dringlichkeits- und Sicherheitsverkehr sowie der Routineverkehr zwischen Seefunkstellen und Küstenfunkstellen
- ☐ Der gesamte DSC-Verkehr sowie wichtige Vorkommnisse, die den Seefunkdienst betreffen
- ☐ Der GMDSS-Verkehr zwischen Seefunkstellen sowie Fehlalarme und andere wichtige Vorkommnisse, die den Seefunkdienst betreffen

87. Welchem Funkverkehr ist der Nachrichtenaustausch zwischen Küstenfunkstellen des Revier- und Hafenfunkdienstes und Seefunkstellen zuzuordnen? (Seite 21)

- ☑ Nichtöffentlicher Funkverkehr
- ☐ On Board Traffic
- ☐ Port Radio
- ☐ Öffentlicher Funkverkehr

88. Wozu dient der Revier- und Hafenfunkdienst? (Seite 23)

- ☑ Übermittlung von Nachrichten, die ausschließlich das Führen, die Fahrt und die Sicherheit von Schiffen auf dem Revier, innerhalb oder in der Nähe von Häfen betreffen
- ☐ Zuweisung von Liegeplätzen innerhalb oder in der Nähe von Häfen
- ☐ Verbreitung von Wetternachrichten auf dem Revier, innerhalb oder in der Nähe von Häfen
- ☐ Nachrichtenaustausch innerhalb oder in der Nähe von Häfen über das öffentliche Netz

89. Welcher Funkdienst gehört neben dem Revier- und Hafenfunkdienst ebenfalls zum Sicherheitsfunkdienst innerhalb des mobilen Seefunkdienstes? (Seite 21)

- ☑ Schiffslenkungsfunkdienst
- ☐ Lotsenfunk
- ☐ Schleusenfunk
- ☐ Binnenschifffahrtsfunk

90. Wer bestimmt bei einer Verbindung zwischen See- und Küstenfunkstelle den für die weitere Verkehrsabwicklung zu benutzenden Arbeitskanal?

☑ Küstenfunkstelle
☐ Seefunkstelle
☐ On-Scene Co-ordinator (OSC)
☐ Rufende Funkstelle

91. Wie ist eine Küstenfunkstelle des Revier- und Hafenfunkdienstes gekennzeichnet? (Seite 21)

☑ Geografischer Name des Ortes, dem die Art des Dienstes und das Wort Radio folgen
☐ Wort Radio, dem die Art des Dienstes und der geografische Name des Ortes folgen
☐ Geografischer Name des Ortes, dem das Wort Radio und die Art des Dienstes folgen
☐ Radio, dem der geografische Name des Ortes und die Art des Dienstes folgen

92. Welche Funkstelle wird mit dem Rufnamen »Warnemünde Traffic« gerufen? (Seite 21)

☑ Küstenfunkstelle des Revierfunkdienstes in Warnemünde
☐ Wasserschutzpolizei Warnemünde
☐ Seefunkstelle der DGzRS-Station Warnemünde
☐ Funkstelle des Hafenmeisters der Marina in Warnemünde

93. Was zeigt das Dringlichkeitszeichen an? (Seite 98)

☑ Die rufende Funkstelle hat eine sehr dringende Meldung auszusenden, welche die Sicherheit einer mobilen Einheit oder einer Person betrifft
☐ Die rufende Funkstelle hat eine Meldung auszusenden, dass ein Schiff von einer ernsten und unmittelbaren Gefahr bedroht ist und sofortige Hilfe benötigt
☐ Die rufende Funkstelle hat eine eilige Meldung auszusenden, die eine nautische Warnnachricht zum Inhalt hat
☐ Die rufende Funkstelle hat eine wichtige Meldung auszusenden, welche den Empfang einer Seenotfunkbake (EPIRB) bestätigt

94. Wie lautet das Dringlichkeitszeichen im Sprechfunk? (Seite 98)

☑ PAN PAN
☐ SÉCURITÉ
☐ MAYDAY
☐ URGENCY

95. Was wird im Sprechfunk durch das Zeichen PAN PAN angekündigt? (Seite 98)

☑ Dringlichkeitsmeldung
☐ Notmeldung
☐ Sicherheitsmeldung
☐ Routinemeldung

96. Wie ist im GMDSS zu verfahren, wenn eine dringende Meldung im UKW-Bereich auszusenden ist, welche die Sicherheit einer Person betrifft? (Seite 98)

☑ Ankündigung per Digitalen Selektivruf (DSC) auf Kanal 70 und Aussendung der Dringlichkeitsmeldung im Sprechfunk auf Kanal 16
☐ Ankündigung und Aussendung der Dringlichkeitsmeldung im Sprechfunk auf Kanal 16
☐ Ankündigung im Sprechfunk auf Kanal 16 und Aussendung der Dringlichkeitsmeldung auf einem Schiff-Schiff-Kanal
☐ Ankündigung per Digitalen Selektivruf (DSC) auf Kanal 70 und Aussendung der Dringlichkeitsmeldung auf einem Schiff-Schiff-Kanal

97. Was bedeutet im DSC-Controller die Anzeige »URGENCY«? (Seite 98)

☑ Die nachfolgende Meldung ist dringend und betrifft die Sicherheit einer mobilen Einheit oder einer Person
☐ Die nachfolgende Meldung ist eine Notmeldung und die Seefunkstelle erbittet sofortige Hilfe
☐ Die nachfolgende Meldung ist dringend und die Seefunkstelle erbittet nautische Beratung
☐ Die nachfolgende Meldung ist eine Wetterwarnung und betrifft die Sicherheit der Schifffahrt

98. An wen dürfen Dringlichkeitsmeldungen im Seefunkdienst grundsätzlich gerichtet werden? (Seite 96)

- ☑ An alle Funkstellen oder an eine bestimmte Funkstelle
- ☐ An alle Funkstellen im Seegebiet A1 oder an eine bestimmte Funkstelle im Seegebiet A1
- ☐ An alle Küstenfunkstellen oder an alle Funkstellen im Seegebiet A1
- ☐ An alle Küstenfunkstellen oder die Seenotleitung (MRCC)

99. Wie ist zu verfahren, wenn eine an alle Funkstellen ausgesendete Dringlichkeitsmeldung erledigt ist? (Seite 97)

- ☑ Dringlichkeitsmeldung muss durch eine Meldung an alle Funkstellen aufgehoben werden
- ☐ Dringlichkeitsmeldung muss bei dem Fall »Mensch über Bord« durch eine Meldung an alle Funkstellen aufgehoben werden
- ☐ Dringlichkeitsmeldung muss durch eine Meldung an die nächste Küstenstelle aufgehoben werden
- ☐ Dringlichkeitsmeldung muss durch die Meldung SILENCE FINI aufgehoben werden

100. Wie lautet das Sicherheitszeichen im Seefunkdienst? (Seite 98)

- ☑ SÉCURITÉ
- ☐ URGENCY
- ☐ PAN PAN
- ☐ MAYDAY

101. Welche Meldung wird mit SÉCURITÉ eingeleitet? (Seite 98)

- ☑ Sicherheitsmeldung
- ☐ Notmeldung
- ☐ Dringlichkeitsmeldung
- ☐ Routinemeldung

102. Welchen Inhalt kann eine Sicherheitsmeldung haben? (Seite 98)

- ☑ Wichtige nautische Warnnachricht oder eine wichtige Wetterwarnung
- ☐ Wichtige nautische Warnnachricht oder die Weiterleitung eines Notalarms
- ☐ Aufhebung eines Fehlalarms oder eine wichtige Wetterwarnung
- ☐ Aufhebung einer Dringlichkeitsmeldung oder ein Medico-Gespräch

103. Welche UKW-Kanäle benutzen Sportfahrzeuge für den Funkverkehr untereinander vorzugsweise in den deutschen Hoheitsgewässern? (Seite 52)

- ☑ Kanäle 69 und 72
- ☐ Kanäle 69 und 70
- ☐ Kanäle 10 und 13
- ☐ Kanäle 06 und 16

104. Für welche Verkehrsabwicklung werden UKW-Handsprechfunkgeräte vorzugsweise verwendet?

- ☑ Funkverkehr an Bord, Funkverkehr Schiff-Überlebensfahrzeug
- ☐ Funkverkehr Schiff-Schiff, Funkverkehr Schiff-SAR-Hubschrauber
- ☐ Funkverkehr an Bord, Funkverkehr Schiff-Hafen
- ☐ Funkverkehr mit Küstenfunkstellen, Funkverkehr Schiff-Überlebensfahrzeug

105. Was ist bei Testsendungen im Sprech-Seefunkdienst zu beachten? (Seite 74)

- ☑ Die Aussendungen dürfen 10 Sekunden nicht überschreiten, müssen mit dem Wort »Test« und mit einer Kennung des Schiffes ausgestrahlt werden
- ☐ Die Aussendungen dürfen 20 Sekunden nicht überschreiten und müssen mit einer Kennung des Schiffes ausgestrahlt werden
- ☐ Die Aussendungen dürfen nur einmal nach Einbau des Gerätes ohne Antenne erfolgen und müssen mit dem Wort »Test« gekennzeichnet werden
- ☐ Die Aussendungen dürfen nur außerhalb der Hoheitsgewässer erfolgen

106. Welche Betriebsart wird für den Schiff-Schiff-Verkehr auf UKW im Sprechfunkverfahren verwendet? (Seite 55)

- ☑ Wechselsprechen auf einer Frequenz
- ☐ Gegensprechen auf einer Frequenz
- ☐ Wechselsprechen auf zwei Frequenzen
- ☐ Gegensprechen auf zwei Frequenzen

107. Der UKW-Kanal 70 dient ausschließlich dem Zweck der Aussendung ...

- ☑ des Digitalen Selektivrufs
- ☐ von Peilzeichen
- ☐ von Positionsmeldungen
- ☐ von Küstenfunkstellen

108. Welchen Zwecken dient der UKW-Kanal 16 (156,8 MHz) im Seefunkdienst?

- ☑ Notverkehr, Dringlichkeitsmeldung, Ankündigung einer Sicherheitsmeldung, Anrufkanal
- ☐ Notverkehr, Ankündigung einer Sicherheitsmeldung, Routineverkehr, Anrufkanal
- ☐ Aussendung des Digitalen Selektivrufs
- ☐ Funkverkehr zwischen Fischereifahrzeugen

109. Auf welchem UKW-Kanal muss ein Sportfahrzeug empfangsbereit sein, wenn es sich auf See befindet und mit einer GMDSS-Seefunkanlage ausgerüstet ist? (Seite 71)

- ☑ Kanal 70
- ☐ Kanal 16
- ☐ Kanal 69
- ☐ Kanal 72

110. Auf welchem UKW-Kanal sollte ein Sportfahrzeug in der Regel empfangsbereit sein, wenn es sich auf See befindet und nur mit einer UKW-Sprechfunkanlage ausgerüstet ist? (Seite 71)

- ☑ Kanal 16
- ☐ Kanal 70
- ☐ Kanal 69
- ☐ Kanal 06

111. Welcher UKW-Kanal ist vorzugsweise für den Schiff-Schiff-Verkehr und für koordinierte Such- und Rettungseinsätze (SAR) vorgesehen? (Seite 51)

- ☑ Kanal 06
- ☐ Kanal 10
- ☐ Kanal 16
- ☐ Kanal 72

112. Welchen Zwecken dienen der Anrufkanal und ein Arbeitskanal?

- ☑ Anrufkanal zur Verbindungsaufnahme, Arbeitskanal zur Abwicklung des weiteren Funkverkehrs
- ☐ Anrufkanal zur Verbindungsaufnahme, Arbeitskanal nur zur Abwicklung von Notfällen
- ☐ Anrufkanal zur Verbindungsaufnahme, Arbeitskanal zur Abwicklung von Reiseplanungen
- ☐ Anrufkanal zur Verbindungsaufnahme mit Teilnehmern an Land, Arbeitskanal zur Zuweisung des Schleusenranges

113. Auf welchem Kanal ist eine Küstenfunkstelle zu rufen, die sowohl auf dem Kanal 70 als auch auf Kanal 16 sowie auf einem veröffentlichten Arbeitskanal empfangsbereit ist?

- ☑ Kanal 70 oder Arbeitskanal
- ☐ Kanal 16 oder Kanal 70
- ☐ Kanal 70 oder Kanal 72
- ☐ Kanal 16 oder Arbeitskanal

114. Auf welchem Kanal wird eine Küstenfunkstelle ohne DSC im Routineverkehr gerufen?

- ☑ Arbeitskanal
- ☐ Kanal 16
- ☐ Ankündigung auf Kanal 16, dann Wechsel zum Arbeitskanal
- ☐ Kanal 70

115. Was ist vor dem Anruf auf einem Arbeitskanal zu beachten?

☑ Der laufende Funkverkehr darf nicht gestört werden
☐ Die geringste Sendeleistung muss eingestellt werden
☐ Die Küstenfunkstelle muss den Arbeitskanal freigeben
☐ Der laufende Funkverkehr muss aufgefordert werden, den Funkverkehr zu beenden

116. Was bedeutet »NAVTEX«? (Seite 47)

☑ Nautische Warnnachrichten im Funktelexverfahren
☐ Navigationssystem, das Vorgaben im Funktelexverfahren erhält
☐ MW-Empfänger an Bord eines Seeschiffes zur Aufzeichnung von Wetterberichten
☐ Satellitengestütztes Navigationssystem für den Seenotfall

117. Wie heißt der Dienst, in dem Nachrichten für die Sicherheit der Seeschifffahrt (MSI) über terrestrische Frequenzen verbreitet werden? (Seite 48)

☑ NAVTEX
☐ SafetyNET
☐ AIS
☐ AMVER

118. (A) Welchen Dienst bieten der Deutsche Wetterdienst (DWD) und das Bundesamt für Seeschifffahrt und Hydrographie (BSH) auf den Frequenzen 518 kHz und 490 kHz gemeinsam an? (Seite 48)

☑ NAVTEX
☐ SafetyNET
☐ TELEX
☐ AMVER

119. Bis zu welcher Entfernung vom Standort des Senders können Sicherheitsmeldungen für die Seeschifffahrt im NAVTEX-Dienst empfangen werden?[4] (Seite 48)

☑ Ca. 600 sm
☐ Ca. 30 sm
☐ Ca. 1000 sm
☐ Ca. 1500 sm

120. Worauf muss beim Einstellen eines NAVTEX-Empfängers geachtet werden? (Seite 48)

☑ Einstellen der jeweiligen NAVTEX-Sender und Auswählen der Art der benötigten Meldungen
☐ Auswählen der gewünschten NAVTEX-Sender und Eingeben der MMSI-Rufnummer
☐ Eingeben der eigenen Position und Auswählen der Art der benötigten Meldungen
☐ Auswählen der Sprache, in der die Nachricht empfangen werden soll, und Unterdrücken nicht benötigter Meldungen

121. Welche Informationen können bei der Programmierung eines NAVTEX-Empfängers nicht unterdrückt werden? (Seite 48)

☑ Navigationswarnungen, Meteorologische Warnungen und SAR-Meldungen
☐ Navigationswarnungen, Wettervorhersagen und SAR-Meldungen
☐ Sat-Nav-Warnungen, Meteorologische Warnungen und Navigationswarnungen
☐ Meteorologische Warnungen, Revierinformationen und SAR-Meldungen

122. In welcher Sprache werden Nachrichten für die Sicherheit der Schifffahrt (MSI) im NAVTEX-Dienst auf 490 kHz verbreitet? (Seite 47)

☑ Landessprache der Funkstelle
☐ Englisch
☐ Niederländisch
☐ Französisch

4 Das NAVTEX-Manual gibt zur Reichweite 400 sm an.

123. (A) In welchen Zeitabständen werden die regelmäßigen NAVTEX-Informationen von deutschen NAVTEX-Sendern ausgesendet? (Seite 48)

- ☑ 4 Stunden
- ☐ 1 Stunde
- ☐ 12 Stunden
- ☐ 24 Stunden

124. (A) Was bezeichnet »NAVAREA«? (Seite 48)

- ☑ International festgelegtes Vorhersage- und Seewarngebiet
- ☐ Internationales Seegebiet, das nicht befahren werden darf
- ☐ Internationales Seegebiet, das in vier Gruppen eingeteilt ist (A1 bis A4)
- ☐ Internationales Seegebiet, das von Seeschiffen befahren werden darf

125. Was bezeichnet »SAR«? (Seite 25)

- ☑ Suche und Rettung
- ☐ Seenotfunkbake
- ☐ Sanitätsdienst
- ☐ Radartransponder

126. Welche Aufgabe hat ein »RCC« im Seenotfall? (Seite 25)

- ☑ Koordinierung der im Seenotfall zur Verfügung stehenden Kräfte und Abwicklung des Notverkehrs
- ☐ Stationierung von Seenotrettungskreuzern rund um die Uhr
- ☐ Alarmierung von SAR-Fahrzeugen im Seenotfall über Satellit
- ☐ Erteilung von Ratschlägen an den Havaristen

127. (A) Welche Aufgabe hat ein »MRCC« im Seenotfall? (Seite 25)

- ☑ Koordinierung der im Seenotfall zur Verfügung stehenden Kräfte
- ☐ Bereithaltung von Rettungsfahrzeugen im Seenotfall
- ☐ Erarbeitung von Richtlinien für das Verhalten im Seenotfall
- ☐ Erteilung von Ratschlägen an den Havaristen

128. (A) Was ist »On-Scene Communication«? (Seite 25)

- ☑ Funkverkehr vor Ort im Seenotfall
- ☐ Funkverkehr in Reichweite einer Küstenfunkstelle für UKW
- ☐ Funkverkehr im Hafenfunk (Port Radio)
- ☐ Funkverkehr von Behördenfahrzeugen

129. Welche Aufgabe hat der »On-Scene Co-ordinator« (OSC) im SAR-Fall? (Seite 23)

- ☑ Leitung der Such- und Rettungsmaßnahmen vor Ort
- ☐ Kooperation mit der nächstgelegenen Küstenfunkstelle des Revierfunkdienstes
- ☐ Festlegung der DSC-Kanäle zur Verständigung der SAR-Einheiten
- ☐ Verbreitung wichtiger SAR-Meldungen rund um die Uhr

130. Was bedeutet »Funkverkehr vor Ort«? (Seite 23)

- ☑ Funkverkehr zwischen dem Schiff in Not und den Fahrzeugen, die Hilfe leisten, sowie dem Schiff in Not und dem Fahrzeug, das die Suche und Rettung koordiniert
- ☐ Funkverkehr zwischen dem Fahrzeug, das die Suche und Rettung koordiniert, und der Küstenfunkstelle
- ☐ Funkverkehr zwischen der Küstenfunkstelle und dem On-Scene Co-ordinator
- ☐ Funkverkehr zwischen dem Schiff in Not und in der Nähe befindlichen Luftfunkstellen

131. Wer darf das Aussenden einer Notmeldung im Seefunkdienst veranlassen?

- ☑ Fahrzeugführer
- ☐ Crewmitglied
- ☐ Rudergänger
- ☐ Rettungsleitstelle

132. Auf welchem UKW-Kanal müssen alle mit DSC ausgerüsteten seegehenden Schiffe im Weltweiten Seenot- und Sicherheitsfunksystem (GMDSS) empfangsbereit sein? (Seite 71)

- ☑ Kanal 70
- ☐ Kanal 16
- ☐ Kanal 06
- ☐ Kanal 10

133. Wie lautet das Notzeichen im Sprechfunk? (Seite 87)

- ☑ MAYDAY
- ☐ PAN PAN
- ☐ DISTRESS
- ☐ SOS

134. Womit wird der Notverkehr im Sprechfunk eingeleitet? (Seite 87)

- ☑ MAYDAY
- ☐ Schiffsname
- ☐ DISTRESS
- ☐ SOS

135. Wann liegt ein Seenotfall vor, der das Aussenden des Notzeichens im Sprechfunk rechtfertigt?

- ☑ Wenn ein Schiff oder eine Person von einer ernsten und unmittelbaren Gefahr bedroht ist und sofortige Hilfe benötigt
- ☐ Wenn ein Schiff manövrierbehindert ist und Hilfe benötigt
- ☐ Wenn eine nautische Warnnachricht vorliegt, die unbedingt beachtet werden muss
- ☐ Wenn ein medizinischer Notfall vorliegt, der unmittelbare funkärztliche Beratung erfordert

136. Welche Priorität der Alarmierung ist zu wählen, wenn sich eine Person in Lebensgefahr befindet und Hilfe benötigt?

- ☑ Notfall
- ☐ Dringlichkeit
- ☐ Sicherheit
- ☐ Routine

137. Welche Frequenzen dürfen neben den Notfrequenzen für die Aussendung einer Notmeldung im Seefunkdienst benutzt werden?

- ☑ Jede andere verfügbare und geeignete Frequenz
- ☐ UKW-Kanal 06 (internationaler Verkehr)
- ☐ Keine andere Frequenz
- ☐ Nur Schiff-Schiff-Frequenzen

138. Auf welchem UKW-Kanal findet der Notverkehr vorzugsweise statt?[5] (Seite 64)

- ☑ Kanal 16
- ☐ Kanal 70
- ☐ Kanal 69
- ☐ Kanal 06

139. Welche Meldungen dürfen im Weltweiten Seenot- und Sicherheitsfunksystem (GMDSS) auf UKW-Kanal 16 (156,8 MHz) übermittelt werden? (Seite 64)

- ☑ Notmeldungen, Dringlichkeitsmeldungen und die Ankündigung von Sicherheitsmeldungen
- ☐ Dringlichkeitsmeldungen und Meldungen im öffentlichen Funkverkehr
- ☐ Sicherheits-, Dringlichkeitsmeldungen und Nichtöffentlicher Funkverkehr
- ☐ Notmeldungen und Routinemeldungen

140. Wann und warum wird die Einleitung eines Notverkehrs wiederholt?

- ☑ Wenn die aussendende Seefunkstelle keine Antwort auf ihren DSC-Alarm oder ihre Notmeldung erhalten hat oder wenn sie es aus anderen Gründen für notwendig hält
- ☐ Wenn der DSC-Notalarm nur von einer Küstenfunkstelle bestätigt worden ist
- ☐ Die Einleitung des Notverkehrs darf nicht wiederholt werden, um Fehlalarme zu vermeiden
- ☐ Die Einleitung des Notverkehrs wird nach 6 Minuten wiederholt, wenn keine Bestätigung erfolgt ist

5 Der Notverkehr findet im Sprechfunk statt und wird über Kanal 16 abgewickelt. Die Notalarmierung erfolgt per DSC auf UKW-Kanal 70.

141. An wen soll eine Seefunkstelle den Notalarm für ein anderes in Not befindliches Schiff richten?

- ☑ Grundsätzlich an die nächstgelegene Küstenfunkstelle oder sonst an alle Funkstellen
- ☐ Grundsätzlich an alle Seefunkstellen in der Nähe
- ☐ Grundsätzlich an das Maritime Lagezentrum beim Havariekommando
- ☐ Grundsätzlich an ein Local User Terminal oder sonst an alle Seefunkstellen

142. Welche Voraussetzung muss eine Seefunkstelle erfüllen, die den Empfang eines DSC-Notalarms auf UKW im Sprechfunkverfahren bestätigt?

- ☑ Sie muss Hilfe leisten können
- ☐ Eine sichere Funkverbindung muss möglich sein
- ☐ Sie muss die Seefunkstelle in Not spätestens nach einer Stunde erreichen können
- ☐ Notalarme werden in jedem Fall bestätigt

143. Wann darf eine Seefunkstelle, wenn sie Hilfe leisten kann, den Empfang eines DSC-Notalarms auf UKW im Sprechfunkverfahren bestätigen?

- ☑ Nach Bestätigung durch eine Küstenfunkstelle oder einer angemessenen Wartefrist
- ☐ Sofort nach Empfang des DSC-Notalarms
- ☐ Nach einer Wartefrist von 3 Minuten
- ☐ DSC-Notalarme dürfen grundsätzlich nur von Küstenfunkstellen bestätigt werden

144. Auf welchem UKW-Kanal und in welchem Verfahren bestätigt eine Seefunkstelle den auf Kanal 70 empfangenen Notalarm? (Seite 66)

- ☑ Kanal 16, Sprechfunkverfahren
- ☐ Kanal 70, DSC
- ☐ Arbeitskanal, Sprechfunkverfahren
- ☐ Kanal 16, DSC

145. Wann wird im Seefunkdienst die Aufforderung SILENCE MAYDAY ausgesendet?

- ☑ Wenn die Funkstelle, die den Notverkehr leitet, störende Funkstellen zur Einhaltung der Funkstille auffordert
- ☐ Wenn die Situation des Schiffes in Not besonders kritisch ist
- ☐ Wenn die Funkstelle, die den Notverkehr leitet, die Beendigung des Notverkehrs ankündigen will
- ☐ Wenn eine Funkstelle sich besondere Aufmerksamkeit für die Verbreitung einer Dringlichkeits- oder Sicherheitsmeldung erbittet

146. Wer fordert in einem Seenotfall eine störende Funkstelle mit den Wörtern SILENCE MAYDAY zur Einhaltung der Funkstille auf?

- ☑ Die Funkstelle, die den Notverkehr leitet
- ☐ Die Funkstelle in Not oder eine Hilfe leistende Luftfunkstelle
- ☐ Die Funkstelle, die die störende Funkstelle als erste empfangen hat
- ☐ Die Funkstelle, die der störenden Funkstelle nächstgelegen ist

147. Welche Aufgaben übernimmt die Seenotleitung (Maritime Rescue Co-ordination Centre [MRCC]) nach Eingang eines Notalarms? (Seite 22)

- ☑ Koordinierung und Information über die SAR-Maßnahmen
- ☐ Leitung des Notverkehrs auf Kanal 70
- ☐ Bestimmung des On-Scene Co-ordinators (OSC)
- ☐ Überwachung Kanäle 16 und 70 sowie Dokumentation der SAR-Maßnahmen

148. (A) Auf welchen UKW-Kanälen ist Bremen Rescue Radio empfangsbereit? (Seite 24)

- ☑ Kanal 16 (Sprechfunk), Kanal 70 (DSC)
- ☐ Kanal 10 (Sprechfunk), Kanal 70 (DSC)
- ☐ Kanal 16 (Sprechfunk), Kanal 10 (DSC)
- ☐ Kanal 06 (Sprechfunk), Kanal 70 (DSC)

149. (A) Nach welchem Betriebsverfahren wird der Funkverkehr in Notfällen zwischen Seefunkstellen und SAR-Hubschraubern abgewickelt?

- ☑ Betriebsverfahren des mobilen Seefunkdienstes
- ☐ Betriebsverfahren des mobilen Flugfunkdienstes
- ☐ Betriebsverfahren des Navigationsfunkdienstes
- ☐ Betriebsverfahren des Revierfunkdienstes

150. (A) Welche Veröffentlichung enthält Angaben zu Verfahren, Abkürzungen und international entwickelten Redewendungen für Notfälle?[6] **(Seite 28)**

- ☑ Handbuch »Suche und Rettung«
- ☐ Handbuch »Funkdienst für die Klein- und Sportschifffahrt«
- ☐ Nachrichten für Seefahrer
- ☐ Mitteilungen für Seefunkstellen und Schiffsfunkstellen

151. In welchem Frequenzbereich kann mit SAR-Einheiten Seefunkverkehr abgewickelt werden?

- ☑ UKW-Bereich
- ☐ UHF-Bereich
- ☐ MW-Bereich
- ☐ VLF-Bereich

152. Im Funkverkehr zwischen Seefunkstellen und SAR-Hubschraubern gilt das Betriebsverfahren ...

- ☑ des Seefunkdienstes
- ☐ des Flugfunkdienstes
- ☐ der Rettungsdienste
- ☐ des Binnenschifffahrtsfunks

153. Auf welchen UKW-Kanälen dürfen zu Sicherheitszwecken Seefunkstellen mit SAR-Hubschraubern Funkverkehr vorzugsweise abwickeln? **(Seite 51)**

- ☑ Kanal 16, Kanal 06
- ☐ Kanal 16, Kanal 10
- ☐ Kanal 06, Kanal 10
- ☐ Kanal 70, Kanal 16

154. Wodurch werden in der Regel bei einer Rettungsaktion mit SAR-Hubschraubern die Kanäle 16 und 06 überwacht?

- ☑ Zweikanal-Überwachung (Dual Watch)
- ☐ Zwei unabhängige Seefunkgeräte
- ☐ Regelmäßiges manuelles Umschalten
- ☐ Bedarfsweises manuelles Umschalten

155. Welchen UKW-Kanal soll ein Schiff in Not bis zur Ankunft eines SAR-Hubschraubers abhören?

- ☑ Kanal 16
- ☐ Kanal 06
- ☐ Kanal 10
- ☐ Kanal 70

156. Wie ist zu verfahren, wenn während eines Notverkehrs auf Kanal 16 die Ankündigung einer Dringlichkeits- oder Sicherheitsmeldung »An alle Funkstellen« vorgenommen werden soll?

- ☑ Ankündigung mittels Digitalen Selektivrufs (DSC) auf Kanal 70, Ankündigung während einer Pause im Notverkehr auf Kanal 16, Aussendung der Meldung auf einem Schiff-Schiff-Kanal
- ☐ Ankündigung auf Kanal 06, Information an die Küstenfunkstelle/RCC über den Inhalt der Meldung auf einem Arbeitskanal
- ☐ Ankündigung mittels Digitalen Selektivrufs (DSC) auf Kanal 70, Information »An alle Funkstellen« über den Inhalt der Meldung auf Kanal 16
- ☐ Ankündigung auf Kanal 16 während einer Pause im Notverkehr, Aussendung auf einem Schiff-Schiff-Kanal

---

6 Die Publikation »Suche und Rettung«, herausgegeben vom BSH, enthält nur eine Auswahl von Redewendungen zum Funkverkehr Schiff-Hubschrauber beim Winschen. Die Publikation wurde eingestellt

157. Was ist zu tun, wenn irrtümlich von einer Seefunkstelle ein Notalarm auf Kanal 70 ausgelöst worden ist? (Seite 91)

- ☑ a) Gerät umgehend zurücksetzen, b) Wenn möglich, den Fehlalarm per DSC zurücknehmen, c) Mit Meldung auf Kanal 16 »An alle Funkstellen« den Fehlalarm zurücknehmen
- ☐ a) Gerät ausschalten, um weitere Sendungen zu verhindern, b) Eintragung der irrtümlichen Aussendung im Schiffstagebuch, c) Zuständiges MRCC telefonisch informieren
- ☐ a) Ankündigung der Rücknahme des Notalarms mit DSC, b) Mit Meldung auf Kanal 16 »An alle Funkstellen« den Fehlalarm zurücknehmen, c) Schiffsführer informieren
- ☐ a) Gerät umgehend zurücksetzen, b) Ankündigung der Rücknahme des Notalarms mit DSC, c) Mit Meldung auf Kanal 13 »An alle Funkstellen« den Fehlalarm zurücknehmen

158. Womit können im Notfall nach dem Verlassen des havarierten Schiffes keine Such- und Rettungsarbeiten ausgelöst bzw. erleichtert werden?

- ☑ UKW-Empfänger
- ☐ Transponder für Suche und Rettung (SART)
- ☐ Seenotfunkbake (EPIRB)
- ☐ Handsprechfunkgerät

159. Welche Komponenten des Weltweiten Seenot- und Sicherheitsfunksystems (GMDSS) werden für die Aussendung von Signalen zur Ortsbestimmung eingesetzt?

- ☑ SART, EPIRB
- ☐ NAVTEX, EGC
- ☐ DSC, EPIRB
- ☐ NAVTEX, SART

160. Wo soll eine Satelliten-Seenotfunkbake (EPIRB) an Bord eines Sportbootes installiert werden? (Seite 43)

- ☑ Im äußeren Decksbereich
- ☐ In der Backskiste
- ☐ In mindestens 1 m Entfernung von Metallteilen
- ☐ Geschützt unter Deck

161. Wann darf eine Satelliten-Seenotfunkbake (EPIRB) für eine Aussendung aktiviert werden? (Seite 46)

- ☑ Nur im Notfall
- ☐ Zu Testzwecken
- ☐ Im Notfall und zu Testzwecken
- ☐ Beim Herannahen von Rettungsfahrzeugen

162. Wie kann eine Satelliten-Seenotfunkbake (EPIRB) im Notfall aktiviert werden?[7] (Seite 43)

- ☑ Manuell oder automatisch
- ☐ Nur manuell
- ☐ Nur automatisch
- ☐ Durch das COSPAS-SARSAT-System

163. Wodurch wird eine EPIRB im Seenotfall automatisch aktiviert?[8] (Seite 43)

- ☑ Wasserdruckauslöser
- ☐ Rüttelkontakt
- ☐ GPS-Signale
- ☐ Radar-Signale

164. Welche Informationen enthält die Aussendung einer Satelliten-Seenotfunkbake (EPIRB)? (Seite 43)

- ☑ a) Notsignal, b) Identifikationsmerkmal, c) Position mittels GPS, wenn vorhanden
- ☐ a) Notsignal, b) Schiffstyp, c) Art des Notfalls
- ☐ a) Position mittels GPS, wenn vorhanden, b) Identifikationsmerkmal, c) Zielhafen
- ☐ a) Art des Notfalls, b) Position mittels GPS, wenn vorhanden, c) Rufzeichen

7 EPIRBs der Kategorie I können manuell oder automatisch aufgelöst werden. Kategorie-II-Modelle können nur manuell ausgelöst werden.

8 Ausgelöst werden EPIRBs durch Wasserkontakt. Baken in einem im Decksbereich angebrachten Container werden durch einen Wasserdruckauslöser abgesprengt.

165. Wie lange dauert es in den Seegebieten A1 bis A3, bis der Alarm einer COSPAS-SARSAT-Satelliten-Seenotfunkbake (EPIRB) bei der zuständigen Seenotleitung (MRCC) aufläuft? **(Seite 44)**

- ☑ Wenige Minuten
- ☐ Bis zu 30 Minuten
- ☐ Bis zu 2 Stunden
- ☐ Bis zu 4 Stunden

166. Wie lange kann es unter ungünstigen Bedingungen von der Aktivierung einer COSPAS-SARSAT-Satelliten-Seenotfunkbake ohne GPS bis zum Empfang der Position im MRCC dauern? **(Seite 44)**

- ☑ Bis zu 4 Stunden
- ☐ Bis zu 8 Stunden
- ☐ Bis zu 12 Stunden
- ☐ Bis zu einem Tag

167. Warum dauert es unter ungünstigen Bedingungen von der Aktivierung einer COSPAS-SARSAT-Satelliten-Seenotfunkbake ohne GPS bis zum Empfang der Position im MRCC bis zu vier Stunden? **(Seite 43)**

- ☑ Es müssen Überflüge der umlaufenden COSPAS-SARSAT-Satelliten (LEOSAR) abgewartet werden
- ☐ Die niedrige Datenrate im Uplink ermöglicht keine hohe Übertragungsgeschwindigkeit
- ☐ Hoher Seegang behindert die Funkwellenausbreitung zum geostationären COSPAS-SARSAT-Satelliten (GEOSAR)
- ☐ Schlechte Wetterverhältnisse behindern die Übertragung der Daten vom COSPAS-SARSAT-Satelliten zur Bodenstation (LUT)

168. Wie groß ist die maximale Abweichung der ermittelten von der tatsächlichen Position einer COSPAS-SARSAT-Seenotfunkbake (EPIRB) ohne GPS?

- ☑ 2 sm
- ☐ 10 sm
- ☐ 100 sm
- ☐ 150 sm

169. Zu welchem Zweck benutzen Satelliten-Seenotfunkbaken (EPIRB) die Frequenzen 121,5 MHz und 406 MHz? **(Seiten 42, 43)**

- ☑ 121,5 MHz zur Zielfahrt (Homing), 406 MHz zur Alarmierung und Positionsbestimmung
- ☐ 121,5 MHz zur Zielfahrt (Homing), 406 MHz zur Kommunikation
- ☐ 121,5 MHz zur Identifikation, 406 MHz zur Zielfahrt (Homing)
- ☐ 121,5 MHz zur Kommunikation, 406 MHz zur Alarmierung und Positionsbestimmung

170. Welche Informationen müssen an einer Satelliten-Seenotfunkbake (EPIRB) erkennbar sein? **(Seite 44)**

- ☑ a) Schiffsname/Rufzeichen/MMSI oder anderes Identifikationsmerkmal, b) Seriennummer, c) Haltbarkeitsdatum der Batterie, d) Haltbarkeitsdatum des Wasserdruckauslösers
- ☐ a) Herstellerfirma, b) Haltbarkeitsdatum des Wasserdruckauslösers, c) Zulassungsdatum der EPIRB, d) Kurzanleitung
- ☐ a) Herstellerfirma, b) Schiffsname/Rufzeichen/MMSI oder anderes Identifikationsmerkmal, c) Prüfdatum, d) Sendefrequenz
- ☐ a) Kurzanleitung, b) Zulassungsdatum der EPIRB c) Schiffsname/Rufzeichen/MMSI oder anderes Identifikationsmerkmal, d) Haltbarkeitsdatum der Batterie

171. Was ist zu tun, bevor die Satelliten-Seenotfunkbake (EPIRB) für Wartungszwecke aus ihrer Halterung entfernt werden soll? **(Seiten 43, 44)**

- ☑ Sicherstellen, dass kein Fehlalarm ausgelöst wird
- ☐ Sicherung lösen
- ☐ MRCC informieren
- ☐ Keine besonderen Vorkehrungen treffen

172. Welche Prüfungen sind an einer Satelliten-Seenotfunkbake (EPIRB) durchzuführen? (Seiten 43, 44)

- ☑ Haltbarkeitsdatum der Batterie, Haltbarkeitsdatum des Wasserdruckauslösers, Funktion entsprechend den Herstellerangaben
- ☐ Haltbarkeitsdatum der Batterie, Haltbarkeitsdatum des Wasserdruckauslösers, Befestigung am Schiffskörper
- ☐ Funktion entsprechend den Herstellerangaben, Haltbarkeitsdatum der Batterie, Festigkeit der Sicherheitsleine
- ☐ Haltbarkeitsdatum des Wasserdruckauslösers, Lesbarkeit der Beschriftung, Kontakte der Batterien

173. Wie erscheint die Aussendung eines Transponders für Suche und Rettung (SART) auf einem Radarbildschirm? (Seite 46)

- ☑ Als Linie von mindestens zwölf Zeichen
- ☐ Die Aussendung eines Transponders ist auf dem Radarschirm nicht sichtbar
- ☐ Als lange aus einem Zeichen bestehende Linie
- ☐ Als Linie von mindestens drei Zeichen

174. Welches Navigationsgerät empfängt das Signal eines aktivierten Transponders für Suche und Rettung (SART)? (Seite 46)

- ☑ Radargerät
- ☐ GPS-Empfänger
- ☐ DSC-Controller
- ☐ NAVTEX-Gerät

175. Welche Vorteile hat eine UKW-Seefunkanlage gegenüber einem Mobiltelefon in einer Notsituation? (Seite 24)

- ☑ Allgemeine und sichere Alarmierungsmöglichkeit
- ☐ Hohe und gleichbleibende Sprachqualität
- ☐ Wahrung des Fernmeldegeheimnisses und des Abhörverbots
- ☐ Digitale und sichere Sprachübertragung

176. Welchen Vorteil hat eine UKW-Seefunkanlage gegenüber einem Mobiltelefon, wenn in einer Notsituation andere Fahrzeuge in Sicht sind und um Hilfe gebeten werden sollen? (Seite 24)

- ☑ Erreichbarkeit aller in Funkreichweite befindlichen Seefunkstellen
- ☐ Erreichbarkeit aller Seefunkstellen im Seegebiet A1
- ☐ Erreichbarkeit aller Rettungsfahrzeuge in Küstennähe
- ☐ Erreichbarkeit aller Seefunkstellen in den Seegebieten A1 und A2

177. Warum ist ein Mobiltelefon gegenüber einer UKW-Seefunkanlage keine Alternative, wenn in einer Notsituation die Such- und Rettungsmaßnahmen anderen Fahrzeugen bekannt gemacht werden müssen? (Seite 24)

- ☑ Telefongespräche können von weiteren Fahrzeugen nicht mitgehört werden, wichtige Informationen zur Hilfeleistung und Rettung sind nicht für alle Beteiligten verfügbar
- ☐ Telefongespräche können von weiteren Fahrzeugen nicht bestätigt werden, der Seenotleitung (MRCC) fehlen daher wichtige Informationen
- ☐ Telefongespräche können von Küstenfunkstellen nicht bestätigt werden, wichtige Informationen fehlen daher für die Koordination vor Ort
- ☐ Telefongespräche können vom On-Scene Co-ordinator (OSC) nicht mitgehört werden, wichtige Informationen sind nur bei der Seenotleitung (MRCC) vorhanden

178. Mit welcher Meldung werden die Funkstellen davon unterrichtet, dass der Notverkehr beendet ist? (Seite 91)

- ☑ Meldung, die mit SILENCE FINI abschließt
- ☐ Meldung, die mit SILENCE MAYDAY abschließt
- ☐ Meldung, die mit OVER AND OUT abschließt
- ☐ Meldung, die mit MASTER abschließt

179. Welche Funktion hat ein Transponder für Suche und Rettung (Search and Rescue Transponder [SART])? **(Seite 46)**

- ☑ Aussendung von Ortungsfunksignalen, die im Seenotfall das Auffinden des verunglückten Fahrzeuges mittels Radar erleichtern sollen
- ☐ Automatische Aussendung der Notposition über UKW an Küsten- bzw. Schiffsfunkstellen
- ☐ Automatische Übermittlung der Position des in Not befindlichen Fahrzeuges über die COSPAS-SARSAT-Satelliten
- ☐ Reflexion von Radarstrahlen und Erzeugung eines deutlichen Echos auf Radarbildschirmen

180. Welche Funktion hat eine Satelliten-Seenotfunkbake (Emergency Position-Indicating Radio Beacon [EPIRB])? **(Seite 42)**

- ☑ Alarmierung und Kennzeichnung der Notposition
- ☐ Kommunikation im VHF-Band zwischen Überlebungsfahrzeug und SAR-Fahrzeugen bzw. dem MRCC
- ☐ Aussendung einer Notmeldung auf den Notfrequenzen der Luftfahrt (121,5 MHz bzw. 243 MHz), die von den Luftfahrzeugen bestätigt wird
- ☐ Ermöglichen der Ortung mittels Radar und Erleichterung des Auffindens des Havaristen

Fragenkatalog UBI

Nachfolgend ist der offizielle Fragenkatalog für die theoretische Prüfung zum UKW-Sprechfunkzeugnis für den Binnenschifffahrtsfunk (UBI) abgedruckt. Der in der Prüfung vorgelegte Prüfungsbogen ist aus diesen Fragen zusammengestellt. Es gibt jeweils nur eine richtige Lösung pro Frage zum Ankreuzen.
Zum Zwecke der Übersicht ist in diesem Fragenkatalog die erste Antwort immer die richtige.
Für weitere Informationen in diesem Buch ist die entsprechende Seite in Klammern hinter der Frage angegeben. Die für die Ergänzungsprüfung UBI (siehe Seite 160) relevanten Fragen sind mit einem (E) gekennzeichnet.

1. (E) Was ist Binnenschifffahrtsfunk?

- ☑ Internationaler mobiler UKW/VHF-Sprechfunkdienst auf Binnenschifffahrtsstraßen
- ☐ Nationaler mobiler UKW/VHF-Sprechfunkdienst auf Binnenschifffahrtsstraßen
- ☐ Internationales UKW/VHF-Sprechfunkverfahren im Binnenbereich
- ☐ Nationales UKW/VHF-Sprechfunkverfahren im Binnenbereich

2. (E) Wozu dient der Binnenschifffahrtsfunk?

- ☑ Funkverkehr für bestimmte Zwecke auf vereinbarten Kanälen (Verkehrskreise) und nach einem festgelegten Betriebsverfahren
- ☐ Funkverkehr für Schiffsfunkstellen zu bestimmten Zwecken auf vereinbarten Kanälen (Verkehrskreise) und nach einem festgelegten Betriebsverfahren
- ☐ Funkverkehr zu Landfunkstellen für bestimmte Zwecke auf vereinbarten Kanälen (Verkehrskreise) und nach einem festgelegten Betriebsverfahren
- ☐ Funkverkehr für Schiffsfunkstellen über Landfunkstellen auf vereinbarten Kanälen (Verkehrskreise) und nach einem festgelegten Betriebsverfahren

3. (E) Wo findet man Angaben über die grundsätzlichen Regelungen für den Binnenschifffahrtsfunk in Europa?[1] (Seite 99)

- ☑ Regionale Vereinbarung über den Binnenschifffahrtsfunk (RAINWAT)
- ☐ International Convention for the Safety of Life at Sea (SOLAS)
- ☐ Verwaltungsvereinbarung über die Koordinierung von Frequenzen (HCM)
- ☐ Binnenschifffahrt-Sprechfunkverordnung (BinSchSprFunkV)

4. Was ist eine »ortsfeste Funkstelle«?

- ☑ Funkstelle, die an Land betrieben wird
- ☐ Funkstelle, die von der Fernmeldebehörde betrieben wird
- ☐ Funkstelle, die an Bord eines nicht dauernd festgemachten Binnenschiffes betrieben wird
- ☐ Funkstelle, die im Verkehrskreis »Funkverkehr an Bord« betrieben wird

5. (E) Was ist eine »Revierzentrale«? (Seiten 102, 103)

- ☑ Zentrale Landfunkstelle des Verkehrskreises Nautische Information
- ☐ Zentrale Schiffsfunkstelle der Wasserstraßen- und Schifffahrtsverwaltung
- ☐ Zentrale Telematikdienste zur Datenübermittlung von AIS
- ☐ Zentrale Seefunkstelle zur Schiffslenkung

1 RAINWAT = Regional Arrangement concerning the radiotelephone service on INland WATerways

6. (E) Was ist ein »Verkehrsposten«? (Seite 103)

- ☑ Zentrale ortsfeste Funkstelle in den Niederlanden
- ☐ Zentrale mobile Funkstelle in den Niederlanden
- ☐ Zentrale ortsfeste Funkstelle in den Niederlanden und in Frankreich
- ☐ Zentrale mobile Funkstelle in den Niederlanden und in Frankreich

7. (E) Was ist ein »Blockkanal«? (Seite 103)

- ☑ Funkkanal für sicherheitsrelevante Meldungen der Verkehrsposten und Schiffsfunkstellen in den Niederlanden
- ☐ Funkkanal für Routinegespräche der Verkehrsposten und Schiffsfunkstellen in den Niederlanden
- ☐ Gesperrter Funkkanal der Verkehrsposten und Verkehrszentralen in den Niederlanden
- ☐ Funkkanal für öffentlichen Nachrichtenaustausch zwischen den Verkehrsposten in den Niederlanden

8. (E) Was bedeutet »MIB«?

- ☑ Melde- und Informationssystem in der Binnenschifffahrt
- ☐ Maritimes Identifikationssystem in der Binnenschifffahrt
- ☐ Mobiles Informationssystem in der Binnenschifffahrt
- ☐ Melde- und Identifikationssystem in der Binnenschifffahrt

9. (E) Wo darf der Inhaber eines in Deutschland erworbenen UKW-Sprechfunkzeugnisses für den Binnenschifffahrtsfunk am Funkverkehr teilnehmen?

- ☑ In allen Ländern, die der Regionalen Vereinbarung über den Binnenschifffahrtsfunk beigetreten sind
- ☐ In allen Mitgliedsstaaten der EU
- ☐ In allen Staaten, die die Vollzugsordnung für den Funkdienst ratifiziert haben
- ☐ In allen deutschsprachigen Ländern

10. (E) Wo berechtigt das UKW-Sprechfunkzeugnis für den Binnenschifffahrtsfunk (UBI) auch zur Teilnahme am mobilen Seefunkdienst? (Seite 100)

- ☑ Wasserstraßen der Zonen 1 bis 2
- ☐ Wasserstraßen der Zonen 2 bis 4
- ☐ Wasserstraßen der Zonen 1 bis 4
- ☐ Wasserstraßen der Zonen 2 bis 3

11. (E) Wer erteilt neben der zuständigen Stelle des Bundes das UKW-Sprechfunkzeugnis für den Binnenschifffahrtsfunk (UBI)? (Seite 156)

- ☑ Prüfungsausschüsse des Deutschen Motoryachtverbandes e.V. (DMYV) und des Deutschen Segler-Verbandes e.V. (DSV)
- ☐ Bundesnetzagentur (BNetzA) und das Bundesamt für Seeschifffahrt und Hydrographie (BSH)
- ☐ Zentrale Verwaltungsstelle (ZVST) und Generaldirektion Wasserstraßen und Schifffahrt (GDWS)
- ☐ Wasserstraßen- und Schifffahrtsamt (WSA) und Bundesnetzagentur (BNetzA)

12. (E) Welches Funkzeugnis berechtigt nicht zur Teilnahme am Weltweiten Seenot- und Sicherheitsfunksystem (GMDSS)? (Seite 100)

- ☑ UKW-Sprechfunkzeugnis für den Binnenschifffahrtsfunk (UBI)
- ☐ Beschränkt Gültiges Funkbetriebszeugnis (SRC)
- ☐ Allgemeines Funkbetriebszeugnis (LRC)
- ☐ Allgemeines Betriebszeugnis für Funker (GOC)

13. (E) Welches Funkzeugnis berechtigt nicht zur Teilnahme am Binnenschifffahrtsfunk? (Seite 100)

- ☑ Amateurfunkzeugnis
- ☐ UKW-Sprechfunkzeugnis für den Binnenschifffahrtsfunk (UBI)
- ☐ Allgemeines Sprechfunkzeugnis für den Seefunkdienst
- ☐ Beschränkt Gültiges Betriebszeugnis für Funker I (BZ I)

14. (E) Worauf ist bei der Teilnahme am Binnenschifffahrtsfunk in anderen Ländern zu achten? (Seite 99)

- ☑ Die Bestimmungen im Regionalen Teil des Handbuchs Binnenschifffahrtsfunk sind zu beachten
- ☐ Die Bestimmungen der Binnenschifffahrt-Sprechfunkverordnung sind zu beachten
- ☐ Die Bestimmungen der EU-Kommission sind zu beachten
- ☐ Die Bestimmungen der Binnenschifffahrtsstraßen-Ordnung sind zu beachten

15. Wo findet man grundsätzliche Bestimmungen über den Sprechfunk auf den jeweiligen Bundeswasserstraßen? (Seite 102)

- ☑ Schifffahrtspolizeiverordnungen
- ☐ Binnenschifffahrtpatentverordnung
- ☐ Binnenschifffahrt-Sprechfunkverordnung
- ☐ Binnenschiffsuntersuchungsordnung

16. (E) Wo findet man z. B. Angaben über die Ausrüstungspflicht mit Funkanlagen auf Binnenschiffen? (Seite 104)

- ☑ Binnenschifffahrtsstraßen-Ordnung
- ☐ Binnenschifffahrt-Sprechfunkverordnung
- ☐ Binnenschifferpatentverordnung
- ☐ Schiffssicherheitsverordnung

17. (E) Wo findet man Angaben über die Funkbenutzungspflicht für Fahrzeuge auf bestimmten Binnenschifffahrtsstraßen? (Seite 102)

- ☑ Regionale Teile des Handbuchs Binnenschifffahrtsfunk
- ☐ Allgemeiner Teil des Handbuchs Binnenschifffahrtsfunk
- ☐ Binnenschifffahrt-Sprechfunkverordnung
- ☐ Binnenschifferpatentverordnung

18. (E) Das Abhörverbot und das Fernmeldegeheimnis sind geregelt ...[2] (Seite 17)

- ☑ im Telekommunikationsgesetz (TKG)
- ☐ in der Binnenschifffahrt-Sprechfunkverordnung (BinSchSprFunkV)
- ☐ in der Schiffssicherheitsverordnung (SchSV)
- ☐ im Gesetz über Funkanlagen und Telekommunikationsendeinrichtungen (FTEG)

19. Was unterliegt dem Fernmeldegeheimnis? (Seite 17)

- ☑ Inhalt des Funkverkehrs und seine näheren Umstände, insbesondere die Tatsache, ob jemand an der Abwicklung des Funkverkehrs beteiligt ist oder war
- ☐ Inhalt des Funkverkehrs und seine näheren Umstände, insbesondere konkrete Daten wie z. B. der ATIS-Code
- ☐ Inhalt des Funkverkehrs und seine näheren Umstände, sofern es sich um Nachrichtenaustausch mit einer Revierzentrale handelt
- ☐ Inhalt des Funkverkehrs und seine näheren Umstände, sofern es sich um Nachrichtenaustausch im Rahmen des Not-, Dringlichkeits- und Sicherheitsverkehrs handelt

20. Welche Nachrichten dürfen uneingeschränkt aufgenommen und verbreitet werden? (Seite 17)

- ☑ Aussendungen, die »An alle Funkstellen« gerichtet sind
- ☐ Aussendungen des Öffentlichen Nachrichtenaustauschs
- ☐ Aussendungen im Verkehrskreis »Funkverkehr an Bord«
- ☐ Aussendungen im Binnenschifffahrtsfunk dürfen uneingeschränkt aufgenommen und verbreitet werden

21. (E) Welche Folgen kann die Verletzung des Fernmeldegeheimnisses haben?

- ☑ Strafrechtliche Verfolgung
- ☐ Ordnungswidrigkeitsverfahren
- ☐ Schriftliche Verwarnung
- ☐ Einzug der Funkanlage

---

2 Das Telekommunikation-Telemedien-Datenschutz-Gesetz (TTDSG) ersetzt die seitherigen Datenschutzregelungen des Telekommunikationsgesetzes (TKG) und des Telemediengesetzes (TMG), die mit dem TTDSG an die DSGVO angepasst werden. Der Begriff »TKG« behält im Fragenkatalog bis zur offiziellen Überarbeitung weiterhin Gültigkeit.

22. Welchen Frequenzbereich nutzt der Binnenschifffahrtsfunk?

- ☑ Ultrakurzwelle (UKW/VHF)
- ☐ Kurzwelle (KW/HF)
- ☐ Grenzwelle (GW/MF)
- ☐ Langwelle (LW/LF)

23. Wie breiten sich Ultrakurzwellen aus? (Seite 34)

- ☑ Geradlinig und quasioptisch
- ☐ Abhängig von der Tageszeit
- ☐ Der Erdkrümmung folgend bis weit hinter den Horizont
- ☐ In der Ionosphäre reflektiert

24. Welche Faktoren können die Ausbreitung der Ultrakurzwellen beeinflussen?

- ☑ Hindernisse, z.B. Berge oder hohe Bauwerke
- ☐ Niederschläge, z.B. Schnee- oder Regenschauer
- ☐ Tag- und Nachtschwankungen
- ☐ Kurs und Geschwindigkeit des Schiffes

25. (E) Was ist eine »Schiffsfunkstelle«?

- ☑ Mobile Funkstelle des Binnenschifffahrtsfunks
- ☐ Mobile Funkstelle des mobilen Seefunkdienstes
- ☐ Ortsfeste Funkstelle des Binnenschifffahrtsfunks
- ☐ Ortsfeste Funkstelle des mobilen Seefunkdienstes

26. Was ist eine »Seefunkstelle«?

- ☑ Funkstelle des Mobilen Seefunkdienstes an Bord eines nicht dauernd verankerten Seefahrzeuges
- ☐ Funkstelle des Mobilen Seefunkdienstes, die an Land als Küstenfunkstelle betrieben wird
- ☐ Funkstelle des Binnenschifffahrtsfunks, die im Seebereich an Bord eines Seeschiffes betrieben wird
- ☐ Funkstelle des Mobilen Seefunkdienstes, die im Verkehrskreis »Nautische Information« betrieben wird

27. (E) Wer darf eine Schiffsfunkstelle bedienen?

- ☑ Inhaber eines gültigen Sprechfunkzeugnisses für den Binnenschifffahrtsfunk (UBI) oder eines gleichwertigen Zeugnisses
- ☐ Personen, die ohne Aufsicht eines Funkzeugnisinhabers am Funkverkehr teilnehmen, sofern sie älter als 16 Jahre sind
- ☐ Nur der Schiffsführer, sofern er über ein gültiges Sprechfunkzeugnis für den Binnenschifffahrtsfunk (UBI) verfügt
- ☐ Personen, die über einen gültigen Sportbootführerschein-Binnen und über die Erlaubnis des Schiffsführers verfügen

28. Wer stellt in Deutschland die Zuteilungsurkunde (Ship Station Licence) für eine Schiffsfunkstelle aus? (Seite 13)

- ☑ Bundesnetzagentur (BNetzA)
- ☐ Bundesamt für Seeschifffahrt und Hydrographie (BSH)
- ☐ Generaldirektion Wasserstraßen- und Schifffahrt (GDWS)
- ☐ Wasserstraßen- und Schifffahrtsamt (WSA)

29. (E) Der Betrieb einer Schiffsfunkstelle ohne Zuteilungsurkunde (Ship Station Licence) verstößt gegen Vorschriften ...[2]

- ☑ des Telekommunikationsgesetzes (TKG)
- ☐ der Binnenschifffahrtsstraßen-Ordnung (BinSchStrO)
- ☐ des Gesetzes über Funkanlagen und Telekommunikationsendeinrichtungen (FTEG)
- ☐ der Binnenschifffahrt-Sprechfunkverordnung (BinSchSprFunkV)

30. (E) Die Bedienung einer Schiffsfunkstelle ohne Erlaubnis (UKW-Sprechfunkzeugnis) verstößt gegen Vorschriften ...[2]

- ☑ der Binnenschifffahrt-Sprechfunkverordnung (BinSchSprFunkV)
- ☐ der Binnenschifffahrtsstraßen-Ordnung (BinSchStrO)
- ☐ des Gesetzes über Funkanlagen und Telekommunikationsendeinrichtungen (FTEG)
- ☐ des Telekommunikationsgesetzes (TKG)

31. (E) Welches amtliche Dokument für eine Schiffsfunkstelle muss sich an Bord befinden? (Seite 13)

- ☑ Zuteilungsurkunde (Ship Station Licence)
- ☐ UKW-Sprechfunkzeugnis (UBI)
- ☐ UKW-Betriebszeugnis
- ☐ Zulassungsurkunde

32. Die telekommunikationsrechtliche Überprüfung einer Schiffsfunkstelle wird durchgeführt von ... (Seite 13)

- ☑ Bundesnetzagentur (BNetzA)
- ☐ Bundesamt für Seeschifffahrt und Hydrographie (BSH)
- ☐ Generaldirektion Wasserstraßen und Schifffahrt (GDWS)
- ☐ Wasserstraßen- und Schifffahrtsamt (WSA)

33. Wer ist bei Eignerwechsel eines Binnenschiffes in Bezug auf die Schiffsfunkstelle zu benachrichtigen? (Seite 13)

- ☑ Bundesnetzagentur (BNetzA)
- ☐ Bundesamt für Seeschifffahrt und Hydrographie (BSH)
- ☐ Generaldirektion Wasserstraßen und Schifffahrt (GDWS)
- ☐ Wasserstraßen- und Schifffahrtsamt (WSA)

34. Wer ist bei technischen Änderungen an einer Schiffsfunkstelle, z. B. bei Änderung des Gerätebestands, schriftlich zu informieren? (Seite 13)

- ☑ Bundesnetzagentur (BNetzA)
- ☐ Bundesamt für Seeschifffahrt und Hydrographie (BSH)
- ☐ Generaldirektion Wasserstraßen und Schifffahrt (GDWS)
- ☐ Wasserstraßen- und Schifffahrtsamt (WSA)

2 Das Telekommunikation-Telemedien-Datenschutz-Gesetz (TTDSG) ersetzt die seitherigen Datenschutzregelungen des Telekommunikationsgesetzes (TKG) und des Telemediengesetzes (TMG), die mit dem TTDSG an die DSGVO angepasst werden. Der Begriff »TKG« behält im Fragenkatalog bis zur offiziellen Überarbeitung weiterhin Gültigkeit.

35. Wer kann die Einstellung des Betriebes einer Schiffsfunkstelle anordnen? (Seite 13)

- ☑ Bundesnetzagentur (BNetzA)
- ☐ Bundesamt für Seeschifffahrt und Hydrographie (BSH)
- ☐ Generaldirektion Wasserstraßen und Schifffahrt (GDWS)
- ☐ Wasserstraßen- und Schifffahrtsamt (WSA)

36. (E) Welche Teile des Handbuchs Binnenschifffahrtsfunk müssen bei einer Schiffsfunkstelle mitgeführt werden? (Seite 99)

- ☑ Allgemeiner Teil sowie Regionale Teile für die Strecken, in denen die Schiffsfunkstelle am Binnenschifffahrtsfunk teilnimmt
- ☐ Regionale Teile für die Strecke, in der sich die Schiffsfunkstelle gerade befindet
- ☐ Regionale Teile für alle europäischen Wasserstraßen
- ☐ Allgemeiner Teil sowie Regionale Teile des Landes, in dem die Schiffsfunkstelle angemeldet wurde

37. (E) Woraus besteht das Rufzeichen für eine deutsche Schiffsfunkstelle? (Seite 15)

- ☑ Zwei Buchstaben der Rufzeichenreihe für Deutschland, gefolgt von vier Ziffern
- ☐ Vier Buchstaben der Rufzeichenreihe für Deutschland, gefolgt von vier Ziffern
- ☐ Zwei Buchstaben der Rufzeichenreihe für Deutschland, gefolgt von zwei Ziffern
- ☐ Vier Buchstaben der Rufzeichenreihe für Deutschland, gefolgt von zwei Ziffern

38. Welches der nachfolgend angegebenen Rufzeichen kennzeichnet eine Schiffsfunkstelle? (Seite 101)

- ☑ DA 5005
- ☐ DABC 55
- ☐ DA5 0BC
- ☐ DA 505B

39. (E) Was bedeutet »ATIS«? (Seite 101)

- ☑ Automatisches Senderidentifizierungssystem
- ☐ Automatisches Schiffsidentifizierungssystem
- ☐ Automatisches Verkehrsinformationssystem
- ☐ Automatisches Transponderabfragesystem

40. (E) Welchem Zweck dient die Aussendung eines ATIS-Codes? (Seite 101)

- ☑ Identifizierung einer Schiffsfunkstelle
- ☐ Identifizierung einer Seefunkstelle
- ☐ Identifizierung des Bedieners der Schiffsfunkstelle
- ☐ Identifizierung des Verkehrskreises

41. Wie setzt sich der ATIS-Code zusammen? (Seite 101)

- ☑ Aus 10 Ziffern: der Ziffer 9, der dreistelligen Seefunkkennzahl (MID) und 6 Ziffern
- ☐ Aus 10 Ziffern: der dreistelligen Seefunkkennzahl (MID), 6 Ziffern
- ☐ Aus 10 Ziffern: der Ziffer 9, zwei Nullen, der dreistelligen Seefunkkennzahl (MID) und 4 Ziffern
- ☐ Aus 10 Ziffern: zwei Nullen, der dreistelligen Seefunkkennzahl (MID) und 5 Ziffern

42. (E) Wann wird das ATIS-Signal ausgesendet? (Seite 101)

- ☑ Automatisch nach dem Loslassen der Sprechtaste
- ☐ Automatisch beim Drücken der Sprechtaste
- ☐ Automatisch alle 10 Minuten
- ☐ Automatisch beim Kanalwechsel

43. (E) Welchen ATIS-Code sendet eine tragbare Funkanlage aus?

- ☑ ATIS-Code der Schiffsfunkstelle, zu der sie gehört
- ☐ ATIS-Code, der ihr gesondert mit der Zuteilungsurkunde (Ship Station Licence) zugewiesen wurde
- ☐ ATIS-Code der ortsfesten Funkstelle
- ☐ ATIS-Code der Schiffsfunkstelle und die Gerätenummer

44. (E) Was ist ein »ATIS-Killer«? (Seite 101)

- ☑ Zusatzeinrichtung in der Funkanlage zur akustischen Unterdrückung des empfangenen ATIS-Signals
- ☐ Zusatzeinrichtung in der Funkanlage zur optischen Unterdrückung des empfangenen ATIS-Signals
- ☐ Zusatzeinrichtung in der Funkanlage zur Unterdrückung der versehentlichen Aussendung des ATIS-Signals
- ☐ Zusatzeinrichtung in der Funkanlage zur Unterdrückung der Aussendung des ATIS-Signals

45. (E) Was versteht man unter »AIS«? (Seite 50)

- ☑ Automatisches Schiffsidentifizierungs- und Überwachungssystem, das statische, dynamische und reisebezogene Informationen auf UKW überträgt
- ☐ Allgemeines Informationssystem für die Binnenschifffahrt
- ☐ Automatische Aussendung der Kennung eines Binnenschiffes beim Loslassen der Sprechtaste
- ☐ Identifizierung eines Schiffes mithilfe von Radarpeilungen und deren Weitergabe an die Schifffahrt zur Kollisionsverhütung

46. Welche Informationen werden bei AIS automatisch ausgetauscht? (Seite 50)

- ☑ Statische Informationen (z. B. Schiffsname), dynamische Informationen (z. B. Kurs) und reisebezogene Informationen (z. B. Bestimmungsort)
- ☐ Statische Informationen (z. B. Schiffsname), notfallbezogene Informationen (z. B. Notalarme) und reisebezogene Informationen (z. B. Bestimmungsort)
- ☐ Statische Informationen (z. B. Schiffsname), reisebezogene Informationen (z. B. Bestimmungsort) und dringende Informationen (z. B. Treibstoffmangel)
- ☐ Statische Informationen (z. B. Schiffsname), dynamische Informationen (z. B. Kurs) und notfallbezogene Informationen (z. B. Notalarme)

47. (E) Was ist beim Betrieb einer Amateurfunkstelle an Bord eines Binnenschiffes, das mit einer Schiffsfunkstelle ausgerüstet ist, zu beachten?

- ☑ Die Amateurfunkstelle darf nur mit Zustimmung des Schiffsführers betrieben werden und keine schädlichen Störungen bei der Schiffsfunkstelle oder bei sonstigen nautischen und technischen Einrichtungen des Fahrzeugs verursachen
- ☐ Die Amateurfunkstelle darf nur mit Zustimmung des Schiffsführers und zur Vermeidung von schädlichen Störungen nur mit einer Leistung von bis zu 5 Watt betrieben werden
- ☐ Die Amateurfunkstelle darf nur mit Zustimmung der Revierzentrale betrieben werden und keine schädlichen Störungen bei der Schiffsfunkstelle oder bei sonstigen nautischen und technischen Einrichtungen des Fahrzeugs verursachen
- ☐ Die Amateurfunkstelle darf nur nach Eintragung in die Zuteilungsurkunde (Ship Station Licence) der Schiffsfunkstelle betrieben werden und keine schädlichen Störungen bei der Schiffsfunkstelle oder bei sonstigen nautischen und technischen Einrichtungen des Fahrzeugs verursachen

48. Was bedeutet die Angabe »Betriebsspannung 10,8 - 14,6 V=« in der Bedienungsanleitung für eine Funkanlage? **(Seite 57)**

- ☑ Es ist eine Gleichspannung zwischen 10,8 und 14,6 Volt für den Betrieb erforderlich
- ☐ Es ist eine Wechselspannung zwischen 10,8 und 14,6 Volt für den Betrieb erforderlich
- ☐ Es ist eine Gleichspannung von 12,7 Volt (Mittelwert zwischen 10,8 und 14,6 Volt) für den Betrieb erforderlich
- ☐ Es ist eine Wechselspannung von 12,7 Volt (Mittelwert zwischen 10,8 und 14,6 Volt) für den Betrieb erforderlich

49. Was ist beim Kauf eines UKW-Sprechfunkgerätes für den Binnenschifffahrtsfunk zu beachten?

- ☑ Das Funkgerät muss zugelassen oder für die Teilnahme am Binnenschifffahrtsfunk in Verkehr gebracht worden sein
- ☐ Das Funkgerät muss funktionsfähig und für die Teilnahme am Binnenschifffahrtsfunk TÜV-geprüft sein
- ☐ Das Funkgerät muss für die Teilnahme am Binnenschifffahrtsfunk eine ATIS-Schnittstelle besitzen und Wetterberichte empfangen können
- ☐ Das Funkgerät muss gemäß der Binnenschifffahrt-Sprechfunkverordnung für die Teilnahme am Binnenschifffahrtsfunk zugelassen sein

50. Je höher die Antenne angebracht ist, desto... **(Seite 34)**

- ☑ größer ist die Reichweite
- ☐ größer ist die erforderliche Sendeleistung
- ☐ wetterunabhängiger ist der Funkverkehr
- ☐ größer wird die Gefährdung von Personen in elektromagnetischen Feldern

51. Bei einer Beschädigung der äußeren Isolierung (Mantel) des Antennenkabels sollte das Antennenkabel ... **(Seite 34)**

- ☑ umgehend erneuert werden
- ☐ bei Gelegenheit erneuert werden
- ☐ umgehend hilfsweise durch ein Stromkabel ersetzt werden
- ☐ bei Gelegenheit gegen eindringende Feuchtigkeit gesichert werden

52. Eine Schiffsfunkstelle empfängt auf allen UKW-Kanälen nur starkes Rauschen. Was könnte die mögliche Ursache für die Störung sein? **(Seite 34)**

- ☑ Die Antenne oder das Antennenkabel ist möglicherweise beschädigt
- ☐ Der Empfang wird durch atmosphärische Störungen beeinträchtigt
- ☐ Eine unbeabsichtigte Aussendung einer anderen Schiffsfunkstelle blockiert die UKW-Kanäle
- ☐ Die Funkantenne wurde in zu geringer Nähe zur Radarantenne angebracht

53. Worauf ist beim Austausch einer defekten UKW-Antenne bei einer Schiffsfunkstelle durch eine Ersatzantenne zu achten? **(Seite 34)**

- ☑ Die Ersatzantenne muss für den Frequenzbereich des Binnenschifffahrtsfunks ausgelegt sein
- ☐ Die Ersatzantenne muss wettergeschützt angebracht werden
- ☐ Die Ersatzantenne muss außerhalb des Abdeckungsbereichs des Radars angebracht werden
- ☐ Die Ersatzantenne muss am höchsten Punkt des Fahrzeugs angebracht werden

54. Wozu dient am UKW-Gerät die Rauschsperre (Squelch)? **(Seite 36)**

- ☑ Die Wiedergabe des Empfängers wird nur bei einem brauchbaren Empfangssignal aktiviert
- ☐ Das Rauschen kann stufenlos auf einen angenehmen Wert eingestellt werden
- ☐ Die Rauschsperre verbessert die Wiedergabe von schwachen Empfangssignalen
- ☐ Die Wiedergabe des Empfängers wird nur beim Empfang von Notsignalen aktiviert

55. (E) Wozu dient ein »Verkehrskreis« im Binnenschifffahrtsfunk? **(Seite 101)**

- ☑ Zuordnung von Sprechfunk-Kanälen für bestimmte Zwecke
- ☐ Zuordnung von Sprechfunk-Kanälen für bestimmte Schiffsfunkstellen
- ☐ Zuordnung der Rangfolge von bestimmten Arten von Funkgesprächen
- ☐ Zuordnung von Sprechfunk-Rufzeichen für bestimmte Funkstellen

56. (E) Welche Verkehrskreise werden im Binnenschifffahrtsfunk betrieben? **(Seite 101)**

- ☑ Schiff-Schiff, Nautische Information, Schiff-Hafenbehörde, Funkverkehr an Bord
- ☐ Schiff-Schiff, Schiff-Verkehrszentrale, Schiff-Hafenbehörde, Funkverkehr an Bord
- ☐ Schiff-Schiff, Nautische Information, Schiff-Hafenbehörde, Schiff-Verkehrsposten
- ☐ Schiff-Schiff, Nautische Information, Schiff-Hafenbehörde, Schiff-Landfunkstelle

57. (E) Wo findet man Angaben über die Verkehrskreise des Binnenschifffahrtsfunks?

- ☑ Binnenschifffahrt-Sprechfunkverordnung
- ☐ Regionaler Teil Deutschland des Handbuchs Binnenschifffahrtsfunk
- ☐ Gesetz über Funkanlagen und Telekommunikationsendeinrichtungen (FTEG)
- ☐ Binnenschifffahrtsstraßen-Ordnung

58. (E) Die Verkehrskreise »Nautische Information« und »Schiff-Hafenbehörde« werden ...

- ☑ nicht auf allen Bundeswasserstraßen angeboten
- ☐ auf allen Bundeswasserstraßen angeboten
- ☐ in Häfen und ausgewiesenen Liegestellen angeboten
- ☐ auf dem Rhein, auf der Donau und auf der Mosel angeboten

59. (E) Wozu dient der Verkehrskreis »Schiff-Schiff«? **(Seite 101)**

- ☑ Funkverkehr zwischen Schiffsfunkstellen
- ☐ Funkverkehr zwischen Schiffsfunkstellen und Funkstellen der Behörden, die für die Betriebsdienste auf Binnenwasserstraßen zuständig sind
- ☐ Funkverkehr von Schiffsfunkstellen über Landfunkstellen mit dem öffentlichen Telekommunikationsnetz
- ☐ Funkverkehr zwischen Handfunkgeräten auf einem Schiff

60. Welche Nachrichten werden im Verkehrskreis »Schiff-Schiff« übermittelt? (Seite 101)

- ☑ Nachrichten, die sich auf den Schutz von Personen oder auf die Fahrt oder auf die Sicherheit von Schiffen beziehen
- ☐ Nachrichten über den Zustand der Wasserstraßen, über Verkehrsberatung und zur Verkehrslenkung zwischen Schiffsfunkstellen und Landfunkstellen
- ☐ Nachrichten über die Zuweisung von Liegeplätzen oder über die Fahrt in den Häfen
- ☐ Nachrichten über schiffsbetriebliche Angelegenheiten, die sich auf die Sicherheit von Schiffen beziehen

61. Welche Funkstelle ist nicht dem Verkehrskreis »Schiff-Schiff« zugeordnet? (Seite 101)

- ☑ Duisburg Hafen
- ☐ Segelyacht Robbe DA 5005
- ☐ Spey Fähre
- ☐ MS Mainz

62. Welche Funkstelle kann am Verkehrskreis »Schiff-Schiff« teilnehmen? (Seite 101)

- ☑ Segelyacht Robbe DA 5005
- ☐ Lauenburg Schleuse
- ☐ Duisburg Hafen
- ☐ Minden Revierzentrale

63. (E) Wozu dient der Verkehrskreis »Nautische Information«? (Seite 101)

- ☑ Funkverkehr zwischen Schiffsfunkstellen und Funkstellen der Behörden, denen der Betrieb der Bundeswasserstraßen obliegt
- ☐ Funkverkehr von Schiffsfunkstellen über Landfunkstellen mit dem öffentlichen Telekommunikationsnetz
- ☐ Funkverkehr zwischen Schiffsfunkstellen
- ☐ Funkverkehr zwischen Schiffsfunkstellen und Landfunkstellen von Hafenbehörden

64. (E) Welche Nachrichten werden im Verkehrskreis »Nautische Information« übermittelt? (Seite 101)

- ☑ Nachrichten über den Zustand der Wasserstraßen, über Verkehrsberatung und zur Verkehrslenkung
- ☐ Nachrichten über die Zuweisung von Liegeplätzen oder über die Fahrt in den Häfen
- ☐ Nachrichten, die sich auf Funkverkehr zwischen Schiffsfunkstellen beziehen
- ☐ Nachrichten über schiffsbetriebliche Angelegenheiten

65. (E) Wodurch kann bei einem nicht funkausrüstungspflichtigen Fahrzeug die ununterbrochene Teilnahme am Verkehrskreis »Nautische Information« sichergestellt werden? (Seite 102)

- ☑ Zusätzliche UKW-Funkanlage für den Binnenschifffahrtsfunk
- ☐ Zweikanalüberwachung (Dual Watch)
- ☐ Ununterbrochene Empfangsbereitschaft auf Kanal 10
- ☐ Einschalten des Kanals der Funkstelle der zuständigen Hafenbehörde

66. (E) Welche Funkstelle ist nicht dem Verkehrskreis »Nautische Information« zugeordnet?[3] (Seite 101)

- ☑ Neuss Hafen
- ☐ Iffezheim Schleuse
- ☐ Gerstheim Ecluse
- ☐ Oberwesel Revierzentrale

67. (E) Welche Funkstelle ist dem Verkehrskreis »Nautische Information« zugeordnet?[4] (Seite 101)

- ☑ Iffezheim Schleuse
- ☐ Neuss Hafen
- ☐ Diffenébrücke Mannheim
- ☐ Mannheim Hafenschleuse

3 Écluse = Schleuse (franz.)

4 Die Hafenschleuse Mannheim und Diffenébrücke gehören zum Hafen Mannheim und daher zum Verkehrskreis Schiff-Hafenbehörde

68. Wozu dient der Verkehrskreis »Schiff-Hafenbehörde«? (Seite 101)

- ☑ Funkverkehr zwischen Schiffsfunkstellen und Landfunkstellen von Hafenbehörden
- ☐ Funkverkehr von Schiffsfunkstellen über Landfunkstellen mit dem öffentlichen Telekommunikationsnetz
- ☐ Funkverkehr zwischen Schiffsfunkstellen in Häfen
- ☐ Funkverkehr an Bord eines Schiffes oder innerhalb einer Gruppe von Fahrzeugen, die geschleppt oder geschoben werden

69. (E) Welche Nachrichten werden im Verkehrskreis »Schiff-Hafenbehörde« übermittelt? (Seite 101)

- ☑ Nachrichten über die Zuweisung von Liegeplätzen oder über die Fahrt in den Häfen
- ☐ Nachrichten über den Zustand der Wasserstraßen, über Verkehrsberatung und zur Verkehrslenkung
- ☐ Nachrichten, die sich auf Funkverkehr zwischen Schiffsfunkstellen beziehen
- ☐ Nachrichten über schiffsbetriebliche Angelegenheiten

70. (E) Welchem Verkehrskreis ist die Landfunkstelle Düsseldorf Marina zugeordnet?[5] (Seite 101)

- ☑ Schiff-Hafenbehörde
- ☐ Schiff-Schiff
- ☐ Nautische Information
- ☐ Funkverkehr an Bord

71. Welche Funkstelle ist nicht dem Verkehrskreis »Schiff-Hafenbehörde« zugeordnet[3 4] (Seite 101)

- ☑ Gerstheim Ecluse
- ☐ Mannheim Hafenschleuse
- ☐ Segelyacht Robbe DA 5005
- ☐ Duisburg Hafen

3 Écluse = Schleuse (franz.)

4 Die Hafenschleuse Mannheim und Diffenébrücke gehören zum Hafen Mannheim und daher zum Verkehrskreis Schiff-Hafenbehörde

5 Der Name einer Landfunkstelle setzt sich zusammen aus dem geografischen Namen und dem Dienst. Der offizielle Rufname ist »Marina Düsseldorf Port«.

72. Welche Funkstelle ist dem Verkehrskreis »Schiff-Hafenbehörde« zugeordnet?[3 6] (Seite 101)

- ☑ Duisburg Hafen
- ☐ Gerstheim Ecluse
- ☐ Rothensee Hebewerk
- ☐ Lauenburg Schleuse

73. Wozu dient der Verkehrskreis »Funkverkehr an Bord«? (Seite 101)

- ☑ Funkverkehr an Bord eines Schiffes oder innerhalb einer Gruppe von Fahrzeugen, die geschleppt oder geschoben werden
- ☐ Funkverkehr zwischen Schiffsfunkstellen und Landfunkstellen von Hafenbehörden
- ☐ Funkverkehr von Schiffsfunkstellen über Landfunkstellen mit dem öffentlichen Telekommunikationsnetz
- ☐ Funkverkehr zwischen Schiffsfunkstellen in Häfen

74. (E) Welche Nachrichten werden im Verkehrskreis »Funkverkehr an Bord« übermittelt? (Seite 101)

- ☑ Nachrichten über schiffsbetriebliche Angelegenheiten sowie bei Anweisungen für das Arbeiten mit Leinen und für das Ankern
- ☐ Nachrichten über die Zuweisung von Liegeplätzen oder über die Fahrt in den Häfen
- ☐ Nachrichten über den Zustand der Wasserstraßen, über Verkehrsberatung und zur Verkehrslenkung zwischen Schiffsfunkstellen und Landfunkstellen
- ☐ Nachrichten, die sich auf den Schutz von Personen und auf die Fahrt oder auf die Sicherheit von Schiffen beziehen

75. (E) Welche UKW-Kanäle dürfen im Verkehrskreis »Funkverkehr an Bord« benutzt werden? (Seite 101)

- ☑ 15 und 17
- ☐ 72 und 77
- ☐ 06 und 16
- ☐ 18 und 22

6 Ein Schiffshebewerk gehört zum Schleusenfunk und somit zum Verkehrskreis Nautischer Informationsfunk.

76. In welchem Verkehrskreis dürfen tragbare Funkanlagen in Deutschland benutzt werden?

- ☑ Funkverkehr an Bord
- ☐ Schiff-Hafenbehörde
- ☐ Nautische Information
- ☐ Schiff-Schiff

77. Welche Fahrzeuge/Schiffe mit Schiffsfunkstellen dürfen nicht am Verkehrskreis »Funkverkehr an Bord« teilnehmen? **(Seite 101)**

- ☑ Kleinfahrzeuge
- ☐ Schlepp- und Schubschiffe
- ☐ Behördenfahrzeuge
- ☐ Fahrgastschiffe

78. (E) Welche Kennung müssen Schiffsfunkstellen in den Verkehrskreisen »Schiff-Schiff«, »Nautische Information« und »Schiff-Hafenbehörde« im Sprechfunkverkehr verwenden? **(Seite 104)**

- ☑ Schiffsname und Rufzeichen
- ☐ ATIS-Kennung
- ☐ Rufnummer im Seefunkdienst (MMSI)
- ☐ Heimathafen

79. (E) In welchen Verkehrskreisen müssen Schiffsfunkstellen, außer auf Kleinfahrzeugen, während der Fahrt empfangsbereit sein?

- ☑ Mindestens in zwei der Verkehrskreise Schiff-Schiff, Nautische Information oder Schiff-Hafenbehörde
- ☐ Mindestens in drei der Verkehrskreise Schiff-Schiff, Nautische Information, Funkverkehr an Bord oder Schiff-Hafenbehörde
- ☐ Mindestens in einem der Verkehrskreise Schiff-Schiff, Nautische Information oder Schiff-Hafenbehörde
- ☐ Mindestens abwechselnd in einem der Verkehrskreise Schiff-Schiff, Nautische Information, Funkverkehr an Bord oder Schiff-Hafenbehörde

80. (E) Wo findet man Regelungen über die Abwicklung des Binnenschifffahrtsfunks? **(Seite 99)**

- ☑ Allgemeiner Teil des Handbuchs Binnenschifffahrtsfunk
- ☐ Regionaler Teil Deutschland des Handbuchs Binnenschifffahrtsfunk
- ☐ Binnenschifffahrt-Sprechfunkverordnung
- ☐ Binnenschifffahrtsstraßen-Ordnung

81. (E) Wo findet man die empfohlenen fremdsprachlichen Redewendungen für die Abwicklung des Binnenschifffahrtsfunks? **(Seite 99)**

- ☑ Regionale Teile des Handbuchs Binnenschifffahrtsfunk
- ☐ Allgemeiner Teil des Handbuchs Binnenschifffahrtsfunk
- ☐ Binnenschifffahrt-Sprechfunkverordnung
- ☐ Binnenschifffahrtsstraßen-Ordnung

82. (E) Wozu dient die Internationale Buchstabiertafel im Binnenschifffahrtsfunk? **(Seiten 58, 60)**

- ☑ Zum Buchstabieren schwieriger Wörter, Namen und Bezeichnungen innerhalb von Meldungen, um Übermittlungsfehler zu vermeiden
- ☐ Zum Buchstabieren schwieriger Wörter, Namen und Bezeichnungen, um die Vorschriften der Binnenschifffahrt-Sprechfunkverordnung zu erfüllen
- ☐ Zum Buchstabieren schwieriger Wörter, Namen und Bezeichnungen, um die Wichtigkeit der buchstabierten Begriffe zu betonen
- ☐ Zum Buchstabieren schwieriger Wörter, Namen und Bezeichnungen, um Informationen zu verschlüsseln

83. (E) Wo findet man Angaben über die UKW-Kanäle, die im Binnenschifffahrtsfunk in bestimmten Regionen benutzt werden sollen? **(Seite 99)**

- ☑ Regionale Teile des Handbuchs Binnenschifffahrtsfunk
- ☐ Schifffahrtspolizeiverordnungen, z. B. Rheinschifffahrtspolizeiverordnung
- ☐ Binnenschifffahrtsstraßen-Ordnung
- ☐ Binnenschifffahrt-Sprechfunkverordnung

84. Was bedeutet die Betriebsart »Simplex«? (Seite 55)

- ☑ Wechselsprechen
- ☐ Gegensprechen
- ☐ Sprechen über Ober- und Unterband
- ☐ Sprechen mit einem Funkgerät

85. Wie erfolgt die Verkehrsabwicklung in der Betriebsart »Simplex«? (Seite 55)

- ☑ Jeder Gesprächspartner kann entweder senden oder empfangen
- ☐ Beide Gesprächspartner können gleichzeitig senden und empfangen
- ☐ Nach den Vorgaben der Revierzentrale
- ☐ Der Funkverkehr kann nur in Richtung Landfunkstelle-Schiffsfunkstelle betrieben werden

86. Was bedeutet die Betriebsart »Duplex«? (Seite 55)

- ☑ Gegensprechen
- ☐ Wechselsprechen
- ☐ Sprechen mit zwei Funkgeräten
- ☐ Sprechen auf einer Frequenz

87. Was bedeutet Semi-Duplex? (Seite 55)

- ☑ Wechselsprechen auf einem Duplex-Kanal
- ☐ Wechselsprechen auf einem Simplex-Kanal
- ☐ Gegensprechen auf einem Duplex-Kanal
- ☐ Gegensprechen auf einem Simplex-Kanal

88. Warum kann die Hörbereitschaft auf zwei Kanälen im Binnenschifffahrtsfunk nicht durch die Zweikanalüberwachung (Dual Watch) wahrgenommen werden?

- ☑ Die Zweikanalüberwachung ermöglicht nicht den gleichzeitigen Empfang auf zwei Funkkanälen
- ☐ Die Zweikanalüberwachung vermindert die Empfangsreichweite der Funkanlage
- ☐ Die Zweikanalüberwachung wertet die ATIS-Kennungen anderer Funkstellen nicht aus
- ☐ Die Zweikanalüberwachung funktioniert nur in bestimmten Verkehrskreisen

89. (E) Wie erfolgt die Leistungsreduzierung beim Sendebetrieb einer Schiffsfunkstelle auf dem UKW-Kanal 10? (Seite 101)

- ☑ Automatisch
- ☐ Manuell
- ☐ Durch die Revierzentrale
- ☐ Durch längeres Drücken der Sendetaste

90. (E) Mit welcher Leistung sendet eine Schiffsfunkstelle auf UKW-Kanal 10?

- ☑ 0,5 bis 1 Watt
- ☐ 2 bis 5 Watt
- ☐ 0,5 bis 25 Watt
- ☐ 10 bis 25 Watt

91. (E) Auf welchem UKW-Kanal müssen Schiffsfunkstellen - unabhängig von dem befahrenen Streckenabschnitt - während der Fahrt ständig empfangsbereit sein? (Seite 102)

- ☑ 10
- ☐ 72
- ☐ 20
- ☐ 13

92. (E) Welcher UKW-Kanal darf im Binnenschifffahrtsfunk auf den Bundeswasserstraßen der Zonen 3 und 4 nicht benutzt werden? (Seite 105)

- ☑ 16
- ☐ 72
- ☐ 10
- ☐ 77

93. (E) Wozu dienen im Binnenschifffahrtsfunk die UKW-Kanäle 72 und 77? (Seite 104)

- ☑ Funkverkehr sozialer Art
- ☐ Nautische Absprachen
- ☐ Funkverkehr mit einer Revierzentrale
- ☐ Anrufe an eine Schleuse

94. Welche UKW-Kanäle dürfen für »Nachrichten sozialer Art« benutzt werden?[7] (Seite 104)

- ☑ 72 und 77
- ☐ 15 und 17
- ☐ 06 und 16
- ☐ 20 und 22

95. (E) Welche Fahrzeuge unterliegen auf bestimmten Wasserstraßen und an bestimmten Stellen einer Meldepflicht?

- ☑ Gefahrgutschiffe und Sondertransporte
- ☐ Motorfahrzeuge mit einer Gesamtlänge von mehr als 20 Metern
- ☐ Fahrgastschiffe mit mehr als 20 Passagieren
- ☐ Sportboote unter Segel

96. (E) Vor jeder Aussendung ist durch kurzzeitiges Öffnen der Rauschsperre sicherzustellen, dass ... (Seite 62)

- ☑ kein anderer Funkverkehr gestört wird
- ☐ die Sendeleistung auf 25 Watt eingestellt ist
- ☐ die ATIS-Kennung zuvor ausgesendet wird
- ☐ der DSC-Controller ausgeschaltet ist

97. Die längere Aussendung einer anderen Schiffsfunkstelle auf Kanal 10 kann ...

- ☑ nicht unterbrochen werden
- ☐ jederzeit unterbrochen werden
- ☐ durch Schiffsfunkstellen desselben Verkehrskreises unterbrochen werden
- ☐ jederzeit durch Landfunkstellen unterbrochen werden

98. Längere Aussendungen auf Kanal 10 sollen vermieden werden, weil sie ...

- ☑ nicht durch andere Schiffsfunkstellen unterbrochen werden können
- ☐ durch Landfunkstellen nur im Notfall unterbrochen werden können
- ☐ den Empfang des ebenfalls im UKW-Bereich arbeitenden AIS stören können
- ☐ in der Nähe von Landesgrenzen andere Funkdienste im Ausland stören können

99. Was hat eine Schiffsfunkstelle im Verkehr mit einer Funkstelle des Verkehrskreises Nautische Information zu beachten?

- ☑ Anweisungen der Funkstelle des Verkehrskreises Nautische Information sind zu befolgen
- ☐ Nachrichten mit der Funkstelle des Verkehrskreises Nautische Information sind auf Kanal 16 auszutauschen
- ☐ Sendeleistung ist zu reduzieren
- ☐ Hörbereitschaft auf Kanal 13 ist sicherzustellen

100. (E) Was kann die Funkverbindung zwischen einer Schiffsfunkstelle und einer Seefunkstelle beeinträchtigen?

- ☑ Die Schiffsfunkstelle sendet auf bestimmten UKW-Kanälen nur mit automatisch reduzierter Leistung
- ☐ Die Seefunkstelle sendet auf bestimmten UKW-Kanälen nur mit automatisch reduzierter Leistung
- ☐ Die Schiffsfunkstelle kann die AIS-Aussendung der Seefunkstelle auf bestimmten UKW-Kanälen nicht auswerten
- ☐ Die Seefunkstelle kann die ATIS-Aussendung der Schiffsfunkstelle auf bestimmten UKW-Kanälen nicht auswerten

---

7 In den Niederlanden und der Tschechischen Republik darf Kanal 72 nicht für Nachrichten sozialer Art verwendet werden.

101. (E) Warum dürfen Seefunkstellen mit ihrer Seefunkanlage nicht am Binnenschifffahrtsfunk teilnehmen? (Seite 101)

- ☑ Seefunkanlagen verfügen weder über eine automatische Sendeleistungsreduzierung auf bestimmten UKW-Kanälen noch können sie einen ATIS-Code aussenden
- ☐ Seefunkanlagen nutzen ein anderes Frequenzband als Binnenschifffahrtsfunkanlagen
- ☐ Seefunkanlagen verfügen über einen DSC-Controller, der mit dem ATIS-System nicht kompatibel ist
- ☐ Seefunkanlagen ermöglichen die Hörbereitschaft auf den UKW-Kanälen 16 und 70

102. (E) Die Verwendung des Digitalen Selektivrufs (DSC) ist ...

- ☑ im Binnenschifffahrtsfunk nicht zulässig
- ☐ eingeführt zur Verbindungsaufnahme mit anderen Schiffsfunkstellen
- ☐ eingeführt zur Identifizierung von Schiffsfunkstellen
- ☐ im Binnenschifffahrtsfunk zulässig für Notalarme

103. (E) Welche Sprache muss bei Verbindungen zwischen deutschen Schiffsfunkstellen und ausländischen Landfunkstellen benutzt werden?

- ☑ Sprache des Landes, in dem sich die Landfunkstelle befindet
- ☐ Heimatsprache des Funkers
- ☐ Vorrangig Englisch
- ☐ Vorrangig Deutsch

104. Was ist bei Testsendungen im Binnenschifffahrtsfunk zu beachten? (Seite 74)

- ☑ Die Aussendungen dürfen 10 Sekunden nicht überschreiten; sie müssen den Rufnamen der aussendenden Funkstelle enthalten, gefolgt von dem Wort »Test«
- ☐ Die Aussendungen dürfen 20 Sekunden nicht überschreiten und müssen mit einer Kennung des Schiffes ausgestrahlt werden
- ☐ Die Aussendungen dürfen nur einmal nach Einbau des Gerätes ohne Antenne erfolgen und müssen mit dem Wort »Test« gekennzeichnet werden
- ☐ Die Aussendungen dürfen nur außerhalb der Hoheitsgewässer erfolgen

105. Wann müssen Meldungen grundsätzlich bestätigt werden?

- ☑ Auf Verlangen
- ☐ Immer
- ☐ Nie
- ☐ Bei Verständigungsschwierigkeiten

106. Woran erkennt man beim Befahren von Binnenwasserstraßen, welcher UKW-Kanal im Schleusenbereich zu benutzen ist? (Seite 103)

- ☑ Tafelzeichen
- ☐ Schwimmende Schifffahrtszeichen
- ☐ Durchsage der Revierzentrale
- ☐ Lichtzeichen der Schleuse

107. (E) Welche Bedeutung hat ein weißes Tafelzeichen mit rotem Rand und der schwarzen Aufschrift »UKW 20« oder »VHF 20«? (Seite 102)

- ☑ Gebot, UKW-Kanal 20 zu benutzen
- ☐ Gebot, eine Sendeleistung von 20 Watt zu gewährleisten
- ☐ Hinweis, dass der Verkehrskreis »Schiff-Schiff« auf UKW-Kanal 20 abzuwickeln ist
- ☐ Hinweis, dass der UKW-Kanal 20 für die Nutzung durch die Berufsschifffahrt vorgesehen ist

108. Welche Bedeutung hat ein blaues Tafelzeichen mit der weißen Aufschrift »UKW 18« oder »VHF 18«? (Seite 102)

- ☑ Hinweis auf den Nautischen Informationsfunk (NIF) auf UKW-Kanal 18
- ☐ Gebot, UKW-Kanal 18 statt 10 für die Verkehrsabwicklung zu benutzen
- ☐ Hinweis, dass der Verkehrskreis »Schiff-Schiff« auf UKW-Kanal 18 abzuwickeln ist
- ☐ Hinweis, dass der UKW-Kanal 18 für die Nutzung durch die Sportschifffahrt vorgesehen ist

109. (E) Welche Landfunkstellen sind zur Einleitung von Rettungsmaßnahmen vorzugsweise anzurufen? (Seite 105)

- ☑ Revierzentralen
- ☐ Rettungsleitstellen
- ☐ Schiffsfunkstellen
- ☐ Polizeifunkstellen

110. (E) Wie ist die Rangfolge des Funkverkehrs im Binnenschifffahrtsfunk? (Seite 104)

- ☑ Notverkehr, Dringlichkeitsverkehr, Sicherheitsverkehr, Routineverkehr
- ☐ Dringlichkeitsverkehr, Notverkehr, Sicherheitsverkehr, Routineverkehr
- ☐ Sicherheitsverkehr, Dringlichkeitsverkehr, Notverkehr, Routineverkehr
- ☐ Notverkehr, Dringlichkeitsverkehr, Routineverkehr, Sicherheitsverkehr

111. (E) Wie heißt das Notzeichen im Sprechfunk? (Seite 104)

- ☑ MAYDAY
- ☐ PAN PAN
- ☐ SOS
- ☐ SÉCURITÉ

112. Ein Notverkehr im Binnenschifffahrtsfunk muss eingeleitet werden, wenn eine unmittelbare Gefährdung von Mensch oder Schiff gegeben ist oder ...

- ☑ eine Gefahrenabwehr an Land notwendig ist
- ☐ das Schiff manövrierunfähig ist
- ☐ gefährliche Wetterlagen auftreten
- ☐ eine Behinderung der Schifffahrt droht

113. (E) Welcher Funkverkehr ist einzuleiten, wenn sich an Bord eine lebensgefährlich verletzte Person befindet? (Seite 104)

- ☑ Notverkehr
- ☐ Dringlichkeitsverkehr
- ☐ Sicherheitsverkehr
- ☐ Routineverkehr

114. (E) Welcher Funkverkehr ist einzuleiten, wenn eine Person über Bord gefallen ist? (Seite 104)

- ☑ Notverkehr
- ☐ Dringlichkeitsverkehr
- ☐ Sicherheitsverkehr
- ☐ Routineverkehr

115. Welcher Funkverkehr ist einzuleiten, wenn das Fahrzeug in gefährlicher Weise zu kentern droht? (Seite 104)

- ☑ Notverkehr
- ☐ Dringlichkeitsverkehr
- ☐ Sicherheitsverkehr
- ☐ Routineverkehr

116. (E) Wer bestätigt eine Notmeldung im Verkehrskreis »Nautische Information«? (Seite 101)

- ☑ Ortsfeste Funkstelle
- ☐ Behördenfahrzeug
- ☐ In der Nähe befindliche Schiffsfunkstelle
- ☐ Der Schiffsführer

117. (E) Wer bestätigt eine Notmeldung im Verkehrskreis »Schiff-Schiff«? (Seite 104)

- ☑ In der Nähe befindliche Schiffsfunkstelle
- ☐ Ortsfeste Funkstelle
- ☐ Verkehrsposten
- ☐ Der Schiffsführer

118. (E) Was bedeuten die Worte MAYDAY RELAY? (Seite 107)

- ☑ Aussendung einer Notmeldung durch eine Funkstelle, die sich selbst nicht in Not befindet
- ☐ Beendigung einer Notmeldung durch die Funkstelle, die den Notverkehr leitet
- ☐ Bestätigung des Empfangs einer Notmeldung
- ☐ Notmeldung an eine Landstation mit der Bitte um Leitung des Notverkehrs

119. (E) Was bedeuten die Worte SILENCE FINI? (Seite 107)

- ☑ Der Notverkehr ist beendet
- ☐ Einer Funkstelle, die den Notverkehr stört, wird Funkstille geboten
- ☐ Dringlichkeits- und Sicherheitsverkehr darf wieder aufgenommen werden
- ☐ Alle Funkstellen müssen Funkstille einhalten

120. (E) Was bedeuten die Worte SILENCE MAYDAY? (Seite 106)

- ☑ Die Funkstelle in Not gebietet den nicht am Notverkehr beteiligten Funkstellen Funkstille
- ☐ Der Notverkehr ist beendet
- ☐ Die am Notverkehr beteiligten Funkstellen genießen Vorrang
- ☐ Eine Notmeldung folgt

121. Woraus besteht das Dringlichkeitszeichen im Sprechfunk? (Seite 108)

- ☑ PAN PAN
- ☐ MAYDAY
- ☐ SÉCURITÉ
- ☐ URGENT

122. (E) Wann liegt ein Dringlichkeitsfall vor? (Seite 108)

- ☑ Wenn dringende Nachrichten übermittelt werden sollen, welche die Besatzung und/oder das Schiff betreffen, ohne dass eine unmittelbare Gefährdung gegeben ist
- ☐ Wenn eine unmittelbare Gefährdung von Mensch oder Schiff gegeben ist oder eine Gefahrenabwehr an Land notwendig ist
- ☐ Wenn dringende Nachrichten übermittelt werden sollen, welche den Empfang eines Notzeichens betreffen
- ☐ Wenn dringende Nachrichten übermittelt werden sollen, welche die Unterstützung durch die Wasserschutzpolizei betreffen

123. Welche Meldungen können beispielsweise mit dem Dringlichkeitszeichen angekündigt werden? (Seite 108)

- ☑ Meldungen, die sich auf Krankheiten beziehen, die keine Lebensgefahr bedeuten, oder auf Schäden an Fahrzeugen, ohne dass davon eine unmittelbare Gefahr ausgeht
- ☐ Meldungen, die sich auf eine unmittelbare Gefährdung von Mensch oder Schiff oder eine Gefahrenabwehr an Land beziehen
- ☐ Meldungen, die sich auf Krankheiten beziehen, die keine Lebensgefahr bedeuten, oder auf Schäden an Fahrzeugen, von denen eine unmittelbare Gefahr ausgeht
- ☐ Meldungen, die sich auf lebensgefährliche Krankheiten oder auf Schäden an Fahrzeugen oder Anlagen beziehen

124. Welcher Funkverkehr ist einzuleiten, wenn bei einer Person an Bord eine nicht lebensbedrohliche Verletzung festgestellt wurde, die kurzfristig ärztlicher Versorgung bedarf? (Seite 108)

- ☑ Dringlichkeitsverkehr
- ☐ Notverkehr
- ☐ Sicherheitsverkehr
- ☐ Routineverkehr

125. Welcher Funkverkehr ist grundsätzlich einzuleiten, wenn das Fahrzeug einen Maschinenschaden hat, der die Sicherheit des Schiffsverkehrs gefährden könnte? (Seite 108)

- ☑ Dringlichkeitsverkehr
- ☐ Notverkehr
- ☐ Sicherheitsverkehr
- ☐ Routineverkehr

126. (E) Wie lautet das Sicherheitszeichen im Sprechfunk? (Seite 109)

- ☑ SÉCURITÉ
- ☐ MAYDAY
- ☐ PAN PAN
- ☐ SOS

127. (E) Welche Meldungen werden mit dem Sicherheitszeichen SÉCURITÉ angekündigt? (Seite 109)

- ☑ Nachrichten, die eine wichtige nautische Warnnachricht oder eine wichtige Wetterwarnung beinhalten
- ☐ Nachrichten, die eine wichtige nautische Warnnachricht oder den Radareinsatz bei unsichtigem Wetter beinhalten
- ☐ Nachrichten, die eine wichtige Wetterwarnung oder eine Warnung zur Vermeidung von Umweltschäden beinhalten
- ☐ Nachrichten, die eine wichtige nautische Warnnachricht oder eine dringende medizinische Meldung beinhalten

128. (E) Welche Meldung ist zu verbreiten, wenn ein treibender Baumstamm beobachtet wird, der eine Gefahr für den Verkehr darstellt? (Seite 109)

- ☑ Sicherheitsmeldung
- ☐ Notmeldung
- ☐ Dringlichkeitsmeldung
- ☐ Keine Meldung

129. (E) Welche Meldung ist zu verbreiten, wenn eine vertriebene Tonne beobachtet wird? (Seite 109)

- ☑ Sicherheitsmeldung
- ☐ Notmeldung
- ☐ Dringlichkeitsmeldung
- ☐ Keine Meldung

130. (E) Wer entscheidet über die Art der auszusendenden Sprechfunkmeldung?

- ☑ Schiffsführer
- ☐ Bediener der Funkanlage
- ☐ Wasserschutzpolizei
- ☐ Revierzentrale

Prüfung

Die Prüfungen für das Beschränkt Gültige Funkbetriebszeugnis (SRC) und das UKW-Sprechfunkzeugnis für den Binnenschifffahrtsfunk (UBI) werden in Deutschland von den Prüfungsausschüssen des Deutschen Motoryachtverbandes (DMYV), des Deutschen Segler-Verbandes (DSV) sowie das Amt für Binnen-Verkehrstechnik (ABVT).

Voraussetzungen

Für die Anmeldung zur Prüfung wird Folgendes vorausgesetzt und benötigt:

- Mindestalter 15 Jahre (Ausstellung des Scheins) bzw. 14 Jahre + 9 Monate am Tag der Prüfung
- Antrag zur Prüfung (bei den Prüfungsausschüssen erhältlich/ggf. auch als Download)
- Lichtbild (35 x 45 mm) auf Fotopapier
- Kopie des Personalausweises (Vorder- und Rückseite) oder Reisepasses
- Prüfungsgebühren (beim Prüfungsausschuss zu erfragen)
- ggf. eine Kopie des Beschränkt Gültigen Betriebszeugnisses für Funker II (BZ II) oder des UKW-Betriebszeugnisses für Funker (UBZ)

Die Unterlagen müssen in der Regel 14 Tage vor der Prüfung beim Prüfungsausschuss vorliegen.

Beschränkt Gültiges Funkbetriebszeugnis (SRC)

Der Ablauf der Prüfung für das Funkbetriebszeugnis SRC ist wie folgt:

- Beantwortung eines von 12 Multiple-Choice-Fragebogen in 30 Minuten. Dieser Prüfungsteil gilt als bestanden, wenn 19 der 24 Fragen richtig beantwortet wurden.
- Aufnahme einer von 27 Not-, Dringlichkeits- oder Sicherheitsmeldungen in englischer Sprache mit anschließender fehlerfreier Übersetzung ins Deutsche innerhalb von 15 Minuten
- Fehlerfreie Übersetzung einer von 27 Meldungen vom Deutschen ins Englische innerhalb von 15 Minuten
- ggf. mündliche Prüfung
- Prüfung an der Funkanlage bestehend aus Pflichtaufgaben und sonstigen Fertigkeiten (innerhalb von maximal 15 Minuten):

Pflichtaufgaben:

1. Editieren des Controllers und Senden eines Notalarms oder Speicherabfrage und Bestätigung des Empfangs eines DSC-Notalarms,
2. Aussenden einer Notmeldung oder Weiterleiten eines Notalarms bzw. einer Notmeldung per Sprechfunk (Distress Relay),
3. Beenden des Notverkehrs oder Aufhebung eines Fehlalarms,
4. Editieren des Controllers, Senden eines Dringlichkeits- oder Sicherheitsanrufes und Abgabe einer Dringlichkeits- bzw. Sicherheitsmeldung.

Sonstige Fertigkeiten:
DSC-Speicherabfrage und Empfangsbestätigung, Abwicklung des Notverkehrs, Funkstille gebieten, Abwicklung des Funkverkehrs vor Ort, Aufhebung der Dringlichkeitsmeldung, DSC-Controller editieren und Senden eines Routineanrufes an eine See- bzw. Küstenfunkstelle, Kanalwechsel, Abwicklung eines Routineverkehrs mit einer See- bzw. Küstenfunkstelle, Einstellung des DSC-Controllers (Datum, Position, Zeitversatz zu UTC, MMSI überprüfen, ...).
Für alle Prüfungsteile sind Hilfsmittel nicht zulässig.

Ergänzungsprüfung SRC

Als Inhaber eines UKW-Betriebszeugnisses für Funker (UBZ) oder eines Beschränkt Gültigen Betriebszeugnisses für Funker II (BZ II) kann eine Ergänzungsprüfung abgelegt werden, um das SRC zu erlangen. Diese besteht aus der Aufnahme einer Meldung und den beiden Übersetzungsteilen der SRC-Prüfung (wie oben beschrieben).
Für Inhaber von Funkzeugnissen ohne Kenntnisse über den DSC-Controller (Beschränkt Gültiges Sprechfunkzeugnis für UKW [USZ], Allgemein Gültiges Sprechfunkzeugnis [ASZ]) gibt es keine Ergänzungsprüfung, um das SRC zu erwerben. Diese berechtigen allerdings weiterhin zur Teilnahme am Binnenschifffahrtsfunk.

UKW-Sprechfunkzeugnis für den Binnenschifffahrtsfunk (UBI)

Der Ablauf der Prüfung für das Funkbetriebszeugnis UBI ist wie folgt:

- Beantwortung eines von 12 Multiple-Choice-Fragebogen in 60 Minuten. Dieser Prüfungsteil gilt als bestanden, wenn 17 der 22 Fragen richtig beantwortet wurden.
- Aufnahme und Abgabe einer Not-, Dringlichkeits- oder Sicherheitsmeldung in deutscher Sprache
- Prüfung am Funkgerät: Kenntnis von Grundfunktionen, Verkehrsabwicklung in deutscher Sprache (Not-, Dringlichkeits-, Sicherheits- und Routineverkehr [Anruf einer Schiffsfunkstelle, Schleuse, Hafen, etc.] und Beantwortung dieser Anrufe), Kenntnisse über Verkehrskreise und Dienstbehelfe

Ergänzungsprüfung UBI

Der Ablauf der Prüfung für die Ergänzungsprüfung des Funkbetriebszeugnisses UBI ist wie folgt:

- Beantwortung eines von 12 Multiple-Choice-Fragebogen in 30 Minuten. Dieser Prüfungsteil gilt als bestanden, wenn 8 der 10 Fragen richtig beantwortet wurden.
- Prüfung am Funkgerät: Kenntnis von Grundfunktionen, Verkehrsabwicklung in deutscher Sprache (Not-, Dringlichkeits-, Sicherheit- und Routineverkehr [Anruf einer Schiffsfunkstelle, Schleuse, Hafen, etc.] und Beantwortung dieser Anrufe), Kenntnisse über Verkehrskreise und Dienstbehelfe

Inhaber eines SRC können eine UBI-Ergänzungsprüfung ablegen.
Die 79 Fragen für die Ergänzungsprüfung sind durch ein (E) hinter der Fragennummer im UBI-Fragenkatalog gekennzeichnet.

Anpassungsprüfung SRC

Inhaber eines nicht allgemein anerkannten ausländischen Funkzeugnisses müssen aus einem von 12 verkürzten Multiple-Choice-Fragebogen mindestens 6 von 8 Fragen in 20 Minuten richtig beantworten.
Die 37 Fragen für die Anpassungsprüfung sind durch ein (A) hinter der Fragennummer im SRC-Fragenkatalog gekennzeichnet.
Die Prüfungsteile Übersetzung, praktische Prüfung und ggf. mündliche Prüfung entsprechen denen der SRC Prüfung.

www: anpassungspruefung

Prüfungsausschüsse

Die zuständigen Behörden für die Prüfungen der Funkzeugnisse sind das Bundesministerium für Verkehr und digitale Infrastruktur (BMVI) für die Seefunkzeugnisse und das Amt für Binnen-Verkehrstechnik (ABVT) für die Binnenfunkzeugnisse.
Der Deutsche Motoryachtverband (DMYV) und der Deutsche Segler-Verband (DSV) führen die Prüfungen für die Sportschifffahrt im Auftrag der genannten Behörden durch.
Die DMYV-Prüfungsausschüsse bzw. Prüfungszentren Berlin-Potsdam, Bodensee, Bremen, Hannover, Koblenz, Leer, Mannheim/Darmstadt, München, Nordrhein-Westfalen, Schleswig-Holstein und Stuttgart sind für die SRC- und UBI-Prüfungen zuständig.
Die DSV-Prüfungsausschüsse Berlin, Bremen, Hamburg, Leipzig, Mecklenburg-Vorpommern, München, Rhein-Ruhr & Deggendorf/ Ausland sind für SRC und UBI zuständig. Der PA Bodensee nur für UBI und die PAs Niedersachsen-Nord und Stuttgart nur für SRC.

www: pruefungsausschuss

Register

Bibliografische Information der Deutschen Nationalbibliothek
Die Deutsche Nationalbibliothek verzeichnet diese Publikation in der Deutschen Nationalbibliografie; detaillierte bibliografische Daten sind im Internet über http://dnb.dnb.de abrufbar.

13. Auflage
ISBN 978-3-667-11955-1

Lektorat: Gerhard Kley
Umschlaggestaltung: Felix Kempf, www.fx68.de
Titelillustration: Marco Stolle, David Zacharias
Titelfotos: Klaus Schlösser, außer unten Mitte: ACR
und unten rechts: Stefan Schorr
Satz / Layout: Gabriele Engel
Comics / Iconzeichnungen: Anja Schnaars (www.as-reizen.de)
Grafiken / Illustrationen: Katja Philipsenburg, Klaus Schlösser
Fotonachweis: Seiten 10, 36, 39, 40, 69, 83, 87, 96, 98, 100:
IC-soft, Delius Klasing Verlag; Seite 12: ITU; Seite 14: BNetzA;
Seite 22: DGzRS; Seiten 26, 27, 28, 58: BSH; Seite 30: DP07 Seefunk;
Seiten 37, 41: Raymarine; Seite 42: ACR; Seiten 45, 46: JOTRON;
Seiten 47, 50: FURUNO; Seite 100: WSV
Druck: Print Consult, München
Printed in Slovakia 2024

Delius Klasing Verlag, Siekerwall 21, 33602 Bielefeld
Tel.: 0521 / 559-0, Fax: 0521 / 559-115
E-Mail: info@delius-klasing.de
www.delius-klasing.de